国际大奖童书系列

人类的故事

（美）亨德里克·威廉·房龙 著
熊亭玉 译

南京大学出版社

目 录
CONTENTS

国际大奖童书系列

人类历史舞台的形成

我们生活在巨大的问号之下。

我们是谁?

我们从哪里来?

我们要到哪里去?

我们抱着不懈的勇气,孜孜以求,正在将这个巨大的问号朝着遥远的天边一点点地推进,我们希望能够越过视线所及之处,找到答案。

我们的进展并不大。

我们依然所知甚少,但我们已经达到能够猜测很多事情的程度了(且准确度比较高了)。

在这一章中,我将要讲述人类历史的舞台是如何搭建而成的。

如果我们用表示长度的线条来代表我们星球上有动物生命的时间长短，那么这条线之下的那条很短的线就代表了人类（或是类似人类生物）存在的时间。

人类是最后出现的，但却率先利用自己的头脑来达到征服自然的目的。这就是我们为什么要研究人类的历史发展，而不会去研究猫呀、狗呀，或是其他动物的历史发展，当然这些动物的历史发展也有它们的有趣之处。

最开始，我们居住的星球是一个燃烧中的大火球（据目前掌握的知识来看），是浩瀚宇宙中的一小缕青烟。慢慢地，过了数百万年，地球表面的火焰燃烧殆尽，包裹上了一层薄薄的岩石。倾盆大雨无休无止地落在没有生命的岩石上，坚硬的花岗岩在雨水的侵蚀下慢慢瓦解，被冲刷到云雾笼罩的高山悬崖间的山谷之中，沉淀下来。

终于云雾散开，阳光得以普照大地，这个小小的星球上只有几汪水潭，最后发展成了浩瀚的大洋。

接着，一天，奇迹发生了。没有生命的东西中诞生出了生命。第一个有生命的细胞漂浮在海洋上。

接下来数百万年的时间中，它漫无目的地随着洋流漂荡。与此同时，它也发展出一定的习性，以便在环境恶劣的地球上更易生存。有些细胞觉得在湖泊深处待着最为快乐。它们在黏糊的沉淀物里扎下根，变成了植物，这些沉淀物都是雨水从高山上冲刷下来的。还有一些细胞喜欢到处游荡，它们长出了奇怪的有分节的腿，就像蝎子的模样，开始在海底到处爬行，在它们的周围是植物和淡绿色的像水母一样的东西。还有一些(身上覆盖着鳞片)凭借游泳的动作，四周游荡寻找食物，最后整个海洋出现了各种各样的鱼。

同时，植物的数量越来越多，它们不得不寻找新的生活空间，海底的空间已经不够它们繁衍了。不得已，它们离开了水域，在高山脚下的沼泽和泥岸边安了新家。海洋每天两次涨潮，都会将它们淹没在海水中。海水退去的时间里，它们则尽量顺应不适的环境，竭力在地球稀薄的空气中生存。若干个世纪后，它们已经学会了如何在空气中存活。它们的个头也长大了，变成了灌木和树木，最后它们学会了如何开出可爱的花朵，这些花朵吸引了忙碌的大黄蜂为它们传播花粉，还有鸟儿把它们的种子广为播撒，最后整个地球表面都是绿绿的草甸，还有高大的树木投下的树阴。有些鱼儿也开始离开海洋，它们用鳃呼吸，也学会了用肺呼吸[1]。我们称这些生物为两栖动物，意

----

[1] 两栖动物的幼体用鳃呼吸，长大后用皮肤和肺部呼吸。

思是说它们既能随心所欲地生活在水里,也能自由自在地生活在陆地上。正如你看到过的青蛙,它们就过着穿梭于水陆之间的快乐生活。

一旦离开了水,这些动物越来越适应陆地上的生活。有些就变成了爬行动物(像蜥蜴一样爬行的动物),它们同昆虫一起享受着森林中的寂静生活。为了在松软的土壤中更快地行动,它们的腿部发展了,个头变大了,最后整个世界到处都是这些大个头的家伙,就是生物手册上称之为鱼龙、斑龙和雷龙的动物。它们体长达到 30 ~ 40 英尺,要是同大象一起玩耍,它们看起来就像是成年的猫妈妈在逗弄自己的小猫咪。

爬行动物家族中的一些成员开始生活在树冠上,这些树木的高度通常都超过了 100 英尺。它们不再需要用腿来行走,很快地在枝丫间移动成了必需的技能。于是它们身体两侧和前脚之间的皮肤变成了像降落伞一样的东西,慢慢地,这层降落伞一样的皮肤上覆盖上了羽毛,尾巴变成了转舵装置,它们从这棵树飞到那棵树,变成了真正的鸟儿。

随后就发生了一件奇怪的事情。短期内,所有的大型爬行动物都死了。我们不知道原因。也许是因为气候突然变化。也许是因为它们的个头太大了,既不能游泳,也不能行走,也不能爬行,巨大的蕨类和树木就在眼前,它们却够不到,活活饿死了。无论是什么原因,总之长达百万年的大型爬行动物的天下结束了。

接下来占领世界的是一种完全不同的生物。爬行动物是它们的祖先,可是它们同爬行动物却非常不同,它们中的妈妈们要用乳房给幼崽哺乳。因此现代科学谓之"哺乳动物"。它们没有了鱼类的鳞片。它们也没有披上鸟类的羽毛,而是全身覆盖了一层毛发。哺乳动物还发展出其他的习性,同其他动物相比,它们具有极大的优势。雌性哺乳动物的受精卵是在母体内发育,然后胎儿降生到这个世界上;而迄今为止,所有其他生物的后代都不得不遭受温度高低的摆布,还有野兽的袭击。哺乳动物会长期将幼崽带在身边,在它们弱小而无法抵御天敌时给予照顾。这一来,幼崽的成活率就大大提高了,它们在母亲身边时会学会很多东西。如果你看到过猫儿教小猫咪怎么照顾自己,怎么洗脸,怎么抓老鼠,你就会明白是怎么回事了。

像这样的哺乳动物,我无需多说,你已经很了解它们了。它们就在你周围。在街上,在家里,它们每天都陪伴着你,你也可以在动物园的笼子里看到不太熟悉的哺乳动物。

现在,我们就要谈到人类的出现这一分水岭了。生物一直就这么安分守己地活着,生生死死,绵延不息,突然,人类摆脱了这一行列,开始用自己的理智来塑造本种族的命运。

在寻找食物和庇护所的能力上,有一种哺乳动物似乎胜过了所有其他生物。它学会了使用前脚来拿住猎物,长期练习后,它发展出了像手一样的爪子。无数次尝试后,它学会了如何用两只后腿平衡整个身体。(这一动作不易,虽然人类靠后腿站立的历史已经超过了百万年,但每个小孩都得从头学起。)

这种动物似半猿半猴,但绝对优于这两者,它成了这个世界上最成功的捕猎者,所有的气候条件下都有它的身影。它们群体行动,以求更大的安全系数。它们学会发出奇怪的咕噜声来警告幼崽面前的危险,数十万年之后,这些喉音开始用于交谈。

也许你很难相信,这种生物就是你最早的"类人"祖先。

人类最早的祖先

　　对于最早的"真正"的人类，我们知之甚少。我们从未见过他们的画像。在地底土壤最深的地方，我们时不时地会发现几片他们的骨头。这些骨头同其他动物支离破碎的骨架混在一起，而那些动物早就从地球上消失了。人类学家拾掇起我们祖先的骨头，颇为准确地再现了他们的样子。

　　人类的远祖长得很难看，一点都不讨喜的样子。他们的个头很小，比我们现在的人小得多。晒着烈日，吹着冬日刺骨的寒风，他们的肤色变成了深棕色。他们的头上，身体的大部分，还有胳膊腿都长满了长长的粗毛。他们的手指非常细，却很有力，整个手看上去就像是猴子的爪子。他们的前额低陷，还长着野生动物似的用于撕咬食物的下颌。他们没

有穿衣服。火山喷发时,整个地球上岩浆肆虐,浓烟滚滚,除了火山口的火,我们的祖先还没有见过别的火。

他们生活在黑魆魆的广袤森林中,这一点与现在的俾格米人①没有什么两样。饥饿来袭,他们就吃生叶子、植物的根茎,或是从愤怒的鸟儿那里拿到鸟蛋,用来喂自己的孩子。偶尔,经过耐心持久的追逐后,他们也能抓到麻雀或小野狗,也许还会抓到兔子。抓到这些东西,他们也是生吃,当时人类还没有发现肉煮熟之后味道更好这个事情。

白天,原始人四处潜行,寻找食物。

等到夜晚降临,他就把妻子孩子藏在树洞里,或是大石头后面。他们的周围都是凶猛的野兽,一到晚上,这些动物就出动了,为它们的配偶和幼崽寻找食物,它们喜欢人肉的味道。在那个世界上,要么是吃掉对方,要么就是被对方吃掉,生活中处处都是恐惧和悲伤,幸福指数太低了。

夏天,他们暴露在炙热的阳光之下,冬天,他们的孩子活活冻死在大人的怀抱中。他们要是受伤了(捕猎的过程中,他们总是摔断骨头,扭伤脚踝),没人照顾,只能悲惨地死去。

---

① 俾格米人,身体矮小,是尼格罗—澳大利亚人种中的一个类型,分布在非洲中部,以及亚洲的安达曼群岛、马来半岛、菲律宾和大洋洲某些岛屿。

　　动物园里的动物发出奇怪的声音，早期的人类也是这样，发出含糊不清的声音。也就是说，他们没完没了地重复发出无意义的怪声音，原因是他们喜欢听到自己的嗓音。后来，当发现危险来临的时候，他们可以利用自己的喉咙发出的声音警告同伴，如果发出某种细小的尖叫，意思就是"有只老虎！"或是"来了五头大象"。然后，其他人也咕哝着回应他，意思是说，"我看见了"，或是"我们快跑，躲起来"。这很有可能就是所有语言的起源。

　　但是，正如我前文已经说过的那样，我们对这些知之甚少。早期的人类没有工具，他们也没有为自己造房子。他们生生死死，除了几块锁骨和头骨，没有留下任何存在过的痕迹。他们留下的骨头告诉我们，数万年前，这个世界上住着一种非常与众不同的哺乳动物——他们很有可能是由一种未知的会用后腿行走和前爪子抓东西的类猿动物进化而来；他们很有可能与我们的近祖有关联。

　　对于他们，我们知道的就只有这些。

史前人类

史前人类开始为自己制造工具。

　　早期的人类没有时间的概念。他们不会记录下生日、结婚纪念日或是死亡时间。他们不知道天、星期或是年为何物。但总体上他们注意到了季节的变化，他们知道寒冷的冬天过后，总会迎来温暖的春天，春天过后又是炎热的夏季，再往后，果子就熟了，野生的玉米也可以吃了，他们还知道，夏天结束后，风一阵阵吹来，树叶落下，有些动物就要开始准备长长的冬眠了。

　　可是，发生了一件不同寻常的可怕事情。天气出问题了。炎热的夏天姗姗来迟。果子也没有成熟。高山上本是茵茵绿草，现在却突然覆盖上了皑皑白雪。

接着，一天清晨，一群野人从高山上晃荡了下来。他们同住在这周围的人不一样。他们看起来很瘦，饥肠辘辘。他们呱啦呱啦地发出声音，可是没人能听懂他们说的是什么。看起来，他们是在说自己很饿。原来的居民，再加上新来的这群人，食物不够吃了。这群人想要多待几天，结果双方就手脚并用打了一仗，有的人全家都被杀死了。其余的人逃回了原来居住的山坡上，来了一场暴风雪，他们也死掉了。

但是，待在森林里人也很害怕。白天越来越短，晚上越来越冷，不应该这样呀。

最后，两座高山的缝隙之间出现了一小块泛着绿色光芒的冰。很快，这块冰就越变越大，一座巨大的冰山顺着山坡滑了下来，一路推着大石头，涌进了山谷。伴随着雷鸣般的声响，十几条巨大的洪流，裹挟着冰块、泥浆和花岗岩石，翻江倒海般袭击了森林里睡梦中的人们。百年老树也不堪一击，被挤压成了碎片。接着，就开始下雪了。

雪不停地下，一月又一月。所有的植物都死了，动物逃走了，去寻找温暖的地带。人类背上孩子，跟着动物出发了。但是人类的脚步跟不上那些野生动物，要么就得赶快想办法，要么就只有坐以待毙。人类似乎是想出办法来了，因为他们成功度过了可怕的冰川时期。冰川时期有四大情况足以让地球上的所有人丧命。

　　首先，人类必须穿上衣服，否则就会被冻死。他们学会了在地上挖洞，然后在上面盖上树枝和叶子，制成陷阱，捕获了熊和鬣狗，再用大石头砸进洞里，杀死动物。他们从这些动物身上获得了皮毛，为自己和家人做成了衣服。

　　接着就是房子的问题。这简单，许多动物都有在黑暗的洞穴里睡觉的习性。人类模仿动物，他们把动物赶出了温暖的洞穴，占为己有。

　　即使这样，气候也是太恶劣了，很多人，特别是老人和孩子的死亡率非常高。接着，就出现了一位天才，他想到了利用火。一次外出打猎的时候，他被困在了森林野火当中，他记得当时自己快被烤死了。以前火是敌人，如今火却成了朋友。他把枯树拉进了洞里，再用森林野火中取来的燃烧的树枝点燃它。洞穴变成了温暖的小房间。

　　再后来，一天晚上，一只死鸡掉在了火堆里，直到烤熟了，人们才发现。这一来，大家知道了，烤熟的肉比生肉好吃，于是他们不再像其他动物一样吃生东西，他们开始烹饪食物。

　　就这样，数千年过去了。只有最聪明的人幸存了下来。他们日日夜夜都在与寒冷饥饿作战，形势所迫，他们发明了工具。他们学会了如何制造边缘锋利的石斧头,学会了如何制造锤子。为了度过漫长的冬季,他们不得不储存大量的食物,他们发现黏土可以做成碗和罐子,把它们放在太阳底下暴晒,就能变得坚硬。冰川时期本来可以毁灭掉人类,可是却成了人类最好的老师,迫使人类使用大脑思考。

尼罗河流域

人类的文明起源于尼罗河流域。

人类的历史就是饥饿的动物寻找食物的历史。哪里食物丰饶，人们就到哪里安家落户。

尼罗河流域肯定早就名满天下了。从非洲内陆，阿拉伯半岛的沙漠地区，还有西亚，人们蜂拥来到埃及，都想在其肥沃的土地上分得一杯羹。这些侵略者汇在一起，形成了一个新种族，自称为"雷米"或是"人类"，就像我们有时称美国为"上帝的国度"一样。他们能来到这片狭窄的条形地带，真应该感谢命运之神。每年夏天，尼罗河泛滥，两岸成了浅水的湖泊之地，等河水退去之后，所有的田地和草地上都沉淀下了几英寸厚的肥沃土壤。

埃及的尼罗河仁慈地完成了百万劳动力的工作，正因为如此，它才能养育有史以来第一批大城市中熙熙攘攘的人口。诚然，并不是所有的耕地都在尼罗河的河谷地区。还有错综复杂的小运河，以及利用吊桶组成的汲水装置将河水从河面抽到最高的河岸，甚至还有更为精细的灌溉系统，遍布整片大地。

一天24个小时，史前人类不得不花上16个小时为自己和族人采集食物，而同时代的埃及农夫或是埃及城市里的居民却拥有一定的闲暇时光。他们利用这些闲暇时光为自己做了好多东西，而这些东西只有装饰作用，没有半点实用价值。

不仅如此。一天，埃及人发现，除了食物、睡觉和为孩子盖房子之外，自己的头脑还能想别的事情。于是埃及人开始思考身边许多奇怪的问题。星星从何而来？打雷的声音那么可怕，是谁发出的雷声？尼罗河准时涨水，甚至可以按照日历来判断涨洪水和洪水退去的时间，这背后是谁在主使呢？他又是谁呢？人是这么奇怪的一个小小生物，随时都可能死亡，随时都可能生病，却又这么快乐，笑口常开。

埃及人问了这么多的问题，有些人觉得自己有责任站出来，尽自己最大的能力回答这些问题。他们就是埃及人口中的"祭师"，他们成了埃及人思想的守护者，在社会上很受尊重。他们都是很有学问的人，身负文字记录的神圣职责。他们明白，如果人们只顾自己在世上的眼前利益，是没有好处的。于是，他们让世人关注死后的世界。人死后，灵魂会越过西边的高山，在俄塞里斯的面前叙述身在人世时的种种行为。这位掌管阴阳的神则会根据他们的德行判断他们的行为。没错，祭师说，人们死后就要到伊希斯①和俄塞里斯掌管的地界，他们太强调这一点了，弄得埃及人觉得短暂活在世上不过是为了死后做准备，尼罗河人口稠密的河谷两岸成了崇敬死亡之地。

很奇怪的是，埃及人相信如果肉体不能保存在曾经生活的世界上，灵魂就无法到达俄塞里斯的地界。因此，有人一旦咽气，他的亲属就赶紧将他的尸体进行防腐处理。接连几周，尸体都要浸泡在碱溶液中，然后再填满树脂。波斯语中树脂一词是"mumiai"，因此防腐后的尸体就被叫做"木乃伊（Mummy）"。尸体用特殊处理过的亚麻布一层层裹好，再放在特制的棺材中，以备踏上最后的归程。埃及人的坟墓是货真价实的家，尸体周围有各种家具和打发时间的乐器，还有数位厨师、烘焙师和理发师的小塑像，以便地下居所的主人能体面地就餐，也不至于胡子拉碴到处跑了。

最开始，埃及人在西部高山的岩石里挖出坟墓，随着他

---

① 古代埃及掌管生育和繁殖的女神。

们往北迁移，就不得不在沙漠里建造墓地了。沙漠里到处都是野生动物，而且还有野蛮的强盗掘开坟墓，侵扰木乃伊，或是偷走陪葬的珠宝。为了防止这种亵渎行为，埃及人在坟墓上修起了小小的石头坟包。这些小小的坟包变得越来越大。富人们修建的坟包就比穷人的高，大家开始互相攀比，看谁能修建出最高的坟包。法老胡夫①创造了最高纪录，希腊人称这位法老为基奥普斯。希腊人称他的坟包为金字塔（pyra-mid），（在埃及文中，高这个词为"pir-ern-us"）高度为 500 英尺。

这座金字塔占了 13 英亩的沙漠土地，是圣彼得教堂的三倍，而后者是基督世界最大的教堂建筑。

为了建造这座金字塔，20 年的时间里，10 万多人忙着从河对岸拉来必需的石料——通过尼罗河搬运（他们怎么办到这一点的，我们不得而知），然后再拖着石料在沙漠上走过很长的一段距离，最后再把石料吊起来，安放到合适的位置上。这个巨型石头建筑的中心就是法老的墓室，通往墓室的过道非常狭窄，过道上方及四周的石料有数万吨重，挤压之下，过道从未变形，可见法老的建筑师和工程师技艺精湛。

---

① 古埃及第四王朝法老。

埃及的历史

尼罗河是和蔼的朋友，但有时它也会变身为凶狠的工头。它教会了居住在两岸的人们"合作"这门优雅的艺术。人们互相依赖，修建了灌溉的沟渠，维护堤坝。就这样，他们学会了如何同邻居相处，他们互利互惠地协作，很容易就发展出一个有序的国家。

接着，有个人的势力超过了大多数邻居，于是他成了这一社区的领袖，西亚地区妒忌的邻居前来侵犯这片富饶的土地时，他就成了总指挥官。最后，他成了这片土地的国王，治理从地中海到西部山区的大片领土。

法老们（法老的意思就是"住在大房子里的人"）常常进行政治冒险活动，对此，在田地里细心劳作的农民们几乎没

有兴趣。只要没有过重的赋税,他们就像尊敬神灵俄塞里斯一样,臣服于法老的统治。

如果是外国入侵者跑来,抢夺了他们的财产,就完全是另一回事了。埃及人度过了 20 个世纪的独立生活,一天,一群叫做希克索斯人①的野蛮游牧民族入侵了埃及,接下来的 500 年时间里,他们成了尼罗河流域的主人。埃及人非常憎恶他们。同样不受欢迎的还有希伯来人,后者在沙漠里长时间地游荡,最后来到了歌珊地②,找到了庇护之所,他们却为外来的入侵者充当收税官和公务员,深为埃及人所憎恶。

时间到了公元前 1700 年,不久,底比斯的人们揭竿而起,长期斗争后,他们把希克索斯人赶出了这个国家,埃及再次获得了自由。

又过了 1000 年,亚述③征服了整个西亚,埃及成为了萨丹那帕露斯④帝国的一部分。到了公元前 7 世纪,埃及再次

① 古埃及进入第二中间期以后,统一王国分裂,来自迦南的希克索斯人以阿瓦利斯为中心建立了自己的王朝,这是埃及历史上第一个外族政权。
② 以色列人出埃及前居住的下埃及的肥沃地区。
③ 亚述(Assyria),古代西亚奴隶制国家,位于底格里斯河中游,公元前 3000 年的中叶,属于闪米特族的亚述人在此建立亚述尔城,后逐渐形成贵族专制的奴隶制城邦。
④ 根据希腊人的记录,为亚述的最后一任国王。

独立,统治者居住在尼罗河三角洲的塞易斯城。到了公元前525年,波斯国王冈比西斯①征服了埃及。公元前4世纪,亚历山大大帝②征服了波斯,埃及随即成为了马其顿王国的一个省份。后来,亚历山大的一位将军自立为王,居住在新修建的亚历山大城,建立了托勒密王朝③,埃及在某种程度上再次独立了。

最后,公元前39年,罗马人来了。埃及最后的女王克娄巴特拉④使出浑身解数拯救这个国家。罗马的将军为她的美貌和魅力而倾倒,她的威力胜过数支埃及的军队。她两次成功地俘获了罗马征服者的心。但是到了公元前30年,恺撒的侄孙兼继承人屋大维来到了亚历山大城。女王虽然可爱,但他并没有像恺撒那样拜倒在女王的石榴裙下。屋大维击溃了女王的军队,但是饶了女王的性命,他要在凯

---

① 冈比西斯一世(约公元前600年—前559年),他使波斯从一个伊朗高原西南隅的小邦变成一个庞大帝国。他宽厚大度、睿智多谋,被波斯人亲切地称为"父亲",是古希腊各邦尊敬的"主人",犹太人心中永远的"涂圣油的王"和"恩人",享有"万王之王"的尊号。

② 亚历山大大帝(Alexander,公元前356年—前323年),生于古马其顿王国首都佩拉城,世界古代史上著名的军事家和政治家。

③ 托勒密王朝(公元前305年—前30年),或称托勒密埃及。马其顿君主亚历山大大帝死后,其将军托勒密一世所开创的一个王朝,统治埃及和周围地区。

④ 克娄巴特拉(Cleopatra,公元前69年—前30年),埃及托勒密王朝末代女王(前51年—前49年,前48年—前30年),貌美,为恺撒和安东尼的情人。

旋时把女王当作战利品，让她行走在他的队伍中。克娄巴特拉听到这一计划，就服毒自杀了。埃及自此成为了罗马帝国的一个省份。

美索不达米亚

美索不达米亚——东方文明的第二个中心。

现在，我要带你登上最雄伟的金字塔顶部，让你想象自己拥有鹰一般的目光。你举目而望，目光越过沙漠的漫漫黄沙，在很远很远的地方，你会看到一抹绿色，还有微光闪烁。那是在两条河之间的一片河谷地带，是《旧约》中的乐土。那是一片神秘而神奇的土地，美索不达米亚，希腊人口中"两河之间的国度"。

这两条河是幼发拉底河①（巴比伦称之为普拉图河）和底

① 幼发拉底河是中东名河，与位于其东面的底格里斯河共同界定美索不达米亚，源自安纳托利亚的山区，流经叙利亚和伊拉克，最后与底格里斯河合流为阿拉伯河，注入波斯湾。

格里斯河(曾经被称作地克拉特河)。这两条河都发源于亚美尼亚高山的皑皑白雪中——诺亚方舟曾经停留过的地方。接着,两条河缓慢流淌过南部的平原,最后抵达波斯湾泥泞的海岸。这两条河举足轻重,在它们的滋润下,西亚贫瘠的土地变成了肥沃的花园。

人们对尼罗河流域趋之若鹜,原因就是只要到了那里,便很容易就能得到食物。同样的原因,这片"两河之间的国度"也是人心所向往的地方。这是充满希望的国度,居住在北面山区的人们和在南边沙漠游荡的部落都想把这片地区霸为己有。山民和沙漠游牧民之间不断发生冲突,挑起了无尽的战事。只有最强壮最勇敢的民族才有希望幸存下来,这就是为什么美索不达米亚成了强悍民族的家园,他们创造的文明在各个方面都与埃及文明同等重要。

腓尼基人

腓尼基人给我们创造了字母表。

腓尼基人是犹太人的邻居,最早也是闪米特部落中的一支,在地中海沿岸居住下来。他们修建了两座防御坚固的城市:泰尔①和赛达②。历史上他们曾短期垄断了西边海域的贸易。他们定期扬帆起航开往希腊、意大利和西班牙,甚至还冒险越过了直布罗陀海峡,来到了可以购买锡的锡利群岛。无论走到哪里,他们都会修建被称之为殖民地的贸易站,很多这些贸易站都发展成了现代城市,其中就有加的斯和马赛。

① 新教的《新约圣经》中翻译为"推罗",也有译为提尔。
② 现为黎巴嫩南部省的一座城市,位于地中海沿岸,另有译名"西顿"。

什么东西可能赚大钱，他们就买卖什么东西，根本不受良心制约。按照他们邻居的说法就是，他们根本不知道诚实和正直是什么意思。在他们心里，好人的最高理想就是拥有一个装满珍宝的箱子。没错，他们很讨厌，一个朋友都没有。虽然如此，他们还是给后来人留下了一份可贵的财富。他们创造了字母表。

　　腓尼基人很熟悉苏美尔人所发明的书写法。可是，在他们看来，这些楔形文字太浪费时间了。他们是很现实的生意人，没工夫耗上几小时去刻几个字母。他们开始了研究，发明了一种远远胜过楔形文字的新文字。他们从埃及人那里借来了几个图形，再简化了数个苏美人的楔形文字。为了书写方便快捷，他们牺牲了原有文字美丽的形体，把数千个图形简化成了干净利落的22个字母。

　　后来，这套字母漂过了爱琴海，来到了希腊。希腊人又加上了自己的几个字母，把改良后的版本带到了意大利。罗马人也做出了一些改动，把它教给了西欧的野蛮人。这些野蛮人正是我们的祖先，这就是为什么这本书是用源于腓尼基人的文字写成，而不是埃及人的象形文字，也不是苏美尔人的楔形文字。

印欧人

印欧的波斯人征服了闪米特人和埃及人的世界。

埃及、巴比伦、亚述和腓尼基的世界存在了差不多3000年，肥沃河谷流域的民族变得日渐衰落了。一个更为旺盛的新种族升起在地平线上，那些古老民族的末日就要来到了。我们称这个新兴的种族为印欧人，它不仅征服了欧洲，还征服了印度一带。

和闪米特人一样，印欧人也是白种人，但是语言不同，他们的语言是现在所有欧洲语言的鼻祖，只有匈牙利语、芬兰语和西班牙北部的巴斯克方言是例外。

在这之前，他们在里海沿岸已经生活了数个世纪。一天，他们收拾好帐篷，出发往北，寻找新的家园。他们中的一些人进入了中亚的山区，数个世纪中，他们一直都生活在环绕伊朗高原的山峰之中，我们称他们为雅利安人。其他的人朝着日落的方向前进，他们到了欧洲平原，等我们讲到希腊和罗马时，就会讲述他们的故事了。

现在，我们就来讲雅利安人的故事。在查拉图斯特拉①（或是称作琐罗亚斯德）的领导下，他们许多人离开了高山的家园，沿着轻快流淌着的印度河，一路来到了海边。

其他人则选择留在了西亚的山丘地带，他们在那里创建了半独立的米堤亚人和波斯人群体，他们的名字来源于古希腊历史书。到了公元前7世纪，米堤亚人创建了他们自己的国家米堤亚②，可是后来居鲁士征服了这个国家。居鲁士原本是安什部落的首领，之后成为了所有波斯部落的首领。他开始了征服之旅，很快他和他的子孙就成了西亚和埃及无可争辩的主人。

印欧波斯人野心勃勃，一路凯歌向西进发，很快他们就遭遇了其他的印欧部落，遇到了大麻烦。数个世纪之前，那些印欧部落搬迁到了欧洲，居住在希腊半岛和爱琴海的岛屿

---

① 他是拜火教的创始人，拜火教是基督教诞生之前中东最有影响的宗教，是古代波斯帝国的国教，也是中亚等地的宗教。
② 又译为"米底"、"米太"。

之上。

波斯国的国王大流士和薛西斯入侵了希腊半岛的北部，波斯人和希腊人之间发生了三大著名战役。波斯人蹂躏了希腊人的土地，想尽办法要在欧洲大陆上取得立足之地。

但是，他们没有成功。事实证明，雅典的海军是不可战胜的。希腊的海军切断了波斯人的供给线，逼迫这些亚洲的统治者回到自己的老家。

亚洲是古老的教师，欧洲则是年轻急切的学生，波斯人和希腊人的这次交锋是两者之间的第一次会面。迄今为止，东方和西方之间的争斗从未结束，我们这本书后面的章节会陆续讲到这一点。

爱琴海

爱琴海边的居民将古老亚洲的文明传递到了欧洲的蛮荒之地。

海因里希·施里曼[①]还是孩子的时候,他父亲就给他讲过特洛伊的故事,这是他最喜欢的故事。他决定,等到自己长大,可以离开家了,他立马就要出发到希腊寻找"特洛伊"。他是梅克伦堡[②]乡下一个贫苦牧师的儿子,没有钱,可他并不在意。他知道自己需要钱,于是他决定要先赚到很多钱,然后再去考古。事实上,他的确在短时间里赚到了很多钱,一旦他有了足够的钱装备了一个探险队,他立刻就出发去往了

① 海因里希·施里曼(Heinrich Schliemann,1822年—1890年),德国传奇式的考古学家。
② 德国的州名。

小亚细亚的西北角落,他心中特洛伊城的所在地。

在那个小亚细亚古老的角落里,有一个高高的土丘,上面全是农田。根据当地的传说,这里就是特洛伊国王普里阿摩斯的宫殿所在地。施里曼知识有限,有的更多的是热情,他一点也不肯耽搁时间,立刻就开始了挖掘工作。他的热忱高涨,速度飞快,很快,挖掘工程就穿过了他所寻找的特洛伊城的中心地带,直达另一个古老城镇的遗址。这个城镇比荷马笔下的特洛伊城还要古老至少一千年。接着就发生了非常有趣的事情。如果施里曼发现的是几个打磨的石器锤子和几个粗制的陶器,那是意料之中的事。人们通常认为在希腊人到来之前,这一地带史前人类使用的就是这些东西,可是施里曼挖掘出了精美的小塑像、昂贵的珠宝和装饰用的花瓶,其图案并非希腊式的。他大胆地提出,比特洛伊战争还早一千年的史前,爱琴海的沿岸居住着一支未知的民族,希腊人侵略了他们的国家,摧毁了或是同化了他们的文明,他们的文明消失了,而他们在很多方面是胜过野蛮的希腊部落的。施里曼的猜想是正确的。19 世纪 70 年代,施里曼考察了迈锡尼遗址[①],古罗马人都对该遗址的古老惊叹不已,现代

---

① 希腊南部古城。

人就更是叹为观止了。在一堆围在一起的石板下面，施里曼再次意外地发现了宝藏。那些神秘未知的古人留下了这些宝藏，他们曾经生活在希腊沿海地带，修建了城市和城墙，他们的城市是那么大，他们的城墙是那么厚重坚固，在希腊人口中，这些建筑是提坦①的杰作。所谓提坦就是远古的巨神，手持山峰击球为乐。

仔细研究过众多的遗址之后，传说中的浪漫主义色彩自然是消失了。这些艺术品的创造者和坚固堡垒的修建者并不是什么魔法师，而是水手和商人。他们生活在克里特岛和爱琴海众多的小岛屿上。他们是吃苦耐劳的航海家，在他们的努力下，爱琴海地区成为了高度文明的东方和欧洲大陆缓慢发展的蛮荒之地间的贸易中心。

这个岛屿帝国在其存在的一千多年的时间里，发展出了很高的艺术造诣。他们最重要的城市克诺索斯，位于克里特岛的北岸，坚持做到了卫生和舒适，事实上是一个完全现代化的城市。宫殿里有完备的下水道系统，住房里配有火炉，克诺索斯是世界上第一个每天都使用浴缸的民族。国王的宫殿有盘旋的楼梯和大型宴会厅，并以此蜚声天下。宫殿下

---

① 也译为泰坦。

面是数个巨大的地窖，用以存储葡萄酒、谷物和橄榄油，最初见到这一地窖的希腊人啧啧称奇，他们据此创作了克里特"迷宫"故事。后来，人们便用迷宫这一词形容某个地方通道错综复杂，一旦关上门后，我们就会惊恐不已，几乎就找不到路出去。

最后这个伟大的爱琴海帝国究竟怎样了，是什么使得它突然日落西山？这我就无法告诉你了。

克里特岛人熟知文字，但没人能够破解他们刻下的文字。因此，我们也就无从了解他们的历史。我们只得从他们留下的废墟中重构他们惊心动魄的经历。从遗址看来，很清楚的是，这片爱琴海的世界突然遭受了北欧平原野蛮民族的侵略，他们被征服了。除非我们大错特错，否则造成克里特岛人和爱琴海文化走向毁灭的正是希腊人，他们曾是游牧民族，刚刚占领了亚得里亚海和爱琴海之间那个布满岩石的半岛。

古希腊人

亚欧古希腊人得到了希腊半岛。

此时,金字塔已经有了千年的历史,刚刚开始显露出侵蚀的痕迹;汉谟拉比,巴比伦明智的国王已经去世,安眠于地下已有数百年的时间。这时一支牧民部落离开了多瑙河沿岸的老家,一路向南,寻找新的牧场。他们就是古希腊人,自称为赫楞人,赫楞的后人,而赫楞是丢卡利翁①和皮拉②之子。根据古老的传说,很久很久以前,人类变得非常邪恶,居住在

---

① 西方神话中的人物,传说为普罗米修斯和克吕墨涅之子,皮拉的丈夫。古希腊人对丢卡利翁崇敬、赞美至极,认为他是最纯粹、最应该尊敬的人,他是第一个建立城市与神庙的人,同时也是他们的第一位国王。
② 厄庇墨透斯(普罗米修斯的弟弟)和潘多拉之女,丢卡利翁的妻子。

奥林匹斯山的宙斯厌恶了人类,于是发起了大洪水,淹没所有的人类,而丢卡利翁和皮拉是仅有的躲过大洪水的两个人。

对于早期的赫楞人,我们知之甚少。希腊历史学家修昔底德记录了雅典的衰落,他描述了古希腊人的远祖,称他们"并没有什么大作为",这很有可能是真的。赫楞人粗野无礼,像猪猡一样生活,他们将敌人的尸首抛给为他们看守羊群的野狗。赫楞人毫不尊重其他民族的权利,大肆残杀希腊半岛的土著民(佩拉斯基人),夺走了他们的土地和牛羊,掠走他们的妻女去做奴隶;赫楞人写下很多歌谣,赞美亚加亚人[1]的勇气,后者带领他们的先头部队进入了塞萨利[2]和伯罗奔尼撒半岛[3]的山区。

在高高的岩石上,赫楞人不时地看到爱琴海居民的城堡,他们不敢袭击这些城堡,爱琴海士兵手中拿着的是金属利剑和长矛,而他们手里只有笨拙的石斧,根本就打不过对方。

数个世纪中,他们就这样从一个山谷游荡到另一个山谷,从这个山腰来到那个山腰,最后整片土地上都是赫楞人,迁徙就结束了。

---

① 古希腊四种主要居民之一。
② 在希腊东部。
③ 在希腊南部。

迁徙结束的时刻就是希腊文明的开始。古希腊的农夫看得见爱琴海人的领地，他们最后实在按捺不住好奇心，前去拜访了这些高冷的邻居。古希腊人发现，从居住在迈锡尼和梯林斯①高墙中的人们身上可以学到很多有用的东西。

古希腊人聪明好学。很快，他们就掌握了爱琴海人从巴比伦和底比斯带来的锻造金属武器的技艺。他们也学会了航海的窍门，开始制造小型船舶供自己使用。

等把所有的东西都学到手后，古希腊人翻脸不认老师，把爱琴海人从岛屿上赶走了。后来，古希腊人又进一步，大胆地进攻海域，征服了爱琴海居民所有的城市。最后，到了公元前5世纪，古希腊人攻占了克诺索斯，这时距他们第一次出现在这片土地上已经过去了10个世纪，他们成了希腊、爱琴海和小亚细亚沿海地带绝对的统治者。特洛伊——远古文明最后一个大贸易堡垒毁于公元前11世纪。从此，欧洲历史的画卷就真正展开了。

---

① 梯林斯是希腊迈锡尼文明的一个重要遗址，位于今天的阿尔戈利斯州，距离爱琴海不远。

古希腊人的生活

古希腊人是如何生活的？

你可能要问，古希腊人总是奔波于集市讨论城邦的事务，他们还有时间照顾家庭，还有时间做自己的事情吗？现在我就来回答这个问题。

在所有的政府事务中，古希腊人的民主只承认公民这一阶层，也就是自由人阶层。在古希腊的城邦中，生而自由的公民是少数，奴隶是大多数，还有一小撮外国人。

古希腊人称外国人为"野蛮人"，他们很少赋予外国人公民的权利，而战争时期，需要人手参战的时候则例外。有没有公民资格全靠出身。你是雅典人，那是因为你的父亲、你的祖父在你之前就是雅典人。无论你是多么了不起的商人或是士兵，只要你的父母不是雅典人，你就永远都是"外国人"。

因此，除了由国王或是暴君统治的时候，希腊城邦是由自由人管理、为自由人服务的国度。如果我们现代人想要养家租房，就必须付出大部分的时间和精力来工作，而在古希腊，这些工作都被奴隶完成了，奴隶的数量是自由人的五倍或者六倍，如果没有他们的存在，也不可能有那样的城邦。整个城市的厨子、烘焙师和制作蜡烛的人都是奴隶。裁缝、木匠、珠宝匠人、学校老师、会计员都是奴隶。他们照看商店，管理工厂，而他们的主人则是到公共集会去讨论战争与和平的问题，或是到剧院观赏埃斯库罗斯①最新的剧目，或是去听一听别人讨论欧里庇得斯②惊世骇俗的思想，这个人竟敢质疑宙斯的无所不能。

没错，古代的雅典就像个现代俱乐部。所有生而自由的公民是这个俱乐部的世袭成员，而所有的奴隶则是世袭的仆人，生来就要伺候主人的各种需求。做这个俱乐部的成员当然是件非常惬意的事情。

---

① 埃斯库罗斯(公元前525年—前456年)，古希腊诗人及悲剧作家。
② 欧里庇得斯(前485或480年—前406年)，他与埃斯库罗斯和索福克勒斯并称为希腊三大悲剧大师，一生共创作了九十多部作品，保留至今的有十八部。

　　我们虽然说的是奴隶，但我们说的并不是你在《汤姆叔叔的小屋》中所读到的那种奴隶。没错，那些在田地里耕种的奴隶处境非常糟糕，可是普通的自由人，如果时运不济，也不得不受雇于人在田里劳作，生活也是同样的悲惨。在城市里，很多奴隶的生活要比贫穷的自由人富裕。古希腊人凡事都讲究适度，对待奴隶也是如此，完全不同于后来罗马人的做法。罗马的奴隶就像是现代工厂的机器，几乎没有什么权利，稍有不慎，就会被扔给野生动物撕咬。

　　古希腊人认为奴隶制度是必要的，如果没有奴隶制度，城邦就不可能成为真正的文明公民的安乐窝。

　　古希腊的奴隶还从事如今生意人和专业人士的工作。在你家里，家务活占用了你妈妈很多的时间，爸爸回家后听到家务也头疼，而希腊人明白闲暇时光的价值，最大限度地简化了家居环境，将家务减少到了可能的最小值。

　　首先，他们的家非常朴素。即使是富有的贵族也生活在土坯房子里，现代工人认为理应享受的舒适条件，在他们家里是一点也没有。古希腊人的家就是徒有四壁，再加一个屋顶。屋子有通往街道的房门，但没有窗户。敞开的庭院周围就是厨房、起居室和卧室，庭院里有个小喷泉，或是小雕像，再加上几株植物给庭院增添点亮色。如果不下雨或是不太冷，一家子就生活在庭院里。厨子(奴隶身份)在院子的角落里准备食物，另一个角落里，老师(身份也是奴隶)在教孩子们字母和乘法表，还有一个角落里坐着这家的女主人，她很少离开自己的领地(当时，已婚女性经常跑到街上可是不体面的)，正带着女裁缝(也是奴隶)缝补丈夫的外套，在门口的小办公室里，这家的男主人正在检查农庄的账目(是照顾农庄的奴隶带过来的)。

食物准备好了，全家人都聚在一起吃东西，他们吃得很简单，花不了多少时间。在古希腊人看来，吃东西是一种无法避免的坏事，而不是消遣。消遣能够打发许多无聊的时间，最终也断送了许多无聊人的性命。他们的主食是面包和葡萄酒，也有点肉，再加上些绿色蔬菜。古希腊人认为水并不怎么有益健康，所以不到万不得已，他们是不会饮用水的。他们喜欢邀请别人来赴宴，但我们想的那种每个人吃到撑的盛宴，在他们看来是不齿的。他们聚在餐桌旁边，为的是喝着美酒饮料，好好交谈一番；他们崇尚适度，喝得酩酊大醉的人会遭到鄙视。

他们的饮食简单，服饰也是如此。他们喜欢干净整洁，头发胡须都要修剪整齐，他们运动游泳，保持身体强健，但他们不喜欢色彩绚丽、图案怪异的亚洲风格。他们穿着白色长

袍,看起来潇洒精神,就像是身着蓝色长斗篷的现代意大利军官。

他们愿意看到妻子佩戴首饰,但如果在公共场合炫富(或是炫耀妻子)就是品味低下的表现。如果女性要出门,就要尽可能地打扮低调,不引人注目。

简短地说,古希腊人的生活不只是崇尚适度,还崇尚简单。"东西",也就是椅子、桌子、书籍、房子和马车这些物件,肯定会占用主人大量的时间。到了最后,主人反倒成了"东西"的奴隶,花很多时间去保养这些物件。古希腊人最想要的就是"自由",不仅是思想的自由,还有肉体的自由。为了保持自由的状态,为了在精神上真正地自由,他们最大限度地简化了日常需求。

雅典与斯巴达之战

为了争夺希腊的领导权,雅典和斯巴达之间进行了一场灾难性的漫长战争。

雅典和斯巴达都是希腊城市,他们都讲同一种语言。除了共同的语言,这两个城市之间再无相似之处。雅典矗立在平原之上,沐浴在海面吹来的徐徐海风中,愿意以孩子般幸福的眼光看待这个世界。而斯巴达则修建在深深的山谷底部,置身于高山之间,不愿接受外来的思想。雅典是个忙碌的贸易之都,斯巴达则是军事营地,人人当兵。雅典人喜欢晒着太阳,讨论诗歌,或是听一听哲学家智慧的话语。而斯巴达人写的东西从来就称不上是文学,但他们知道该如何作战,他们喜欢作战,他们牺牲了所有人类的情感,为的就是时刻作战的理想。

阴沉忧郁的斯巴达人妒恨雅典人的成功,这也不足为奇。为了捍卫共同的家园,雅典人曾热血沸腾,如今他们又开始热血沸腾地致力于和平的目标。雅典人重修了卫城,并且将卫城变成了敬奉雅典娜女神的大理石神殿。伯利克里——雅典民主的领袖人物,想要这个城市变得更加美丽,他到处寻找著名的雕刻家、画家。他还寻找科学家来教育年轻的雅典人,让他们配得上自己美丽的家园。同时,他也警惕着斯巴达的动静,他修建了高墙,将雅典同大海连接起来。雅典成了当时最固若金汤的城堡。

这两个城市之间一次无谓的争吵导致了最后的兵刃相见。雅典和斯巴达之间的战争持续了 30 年。最后,雅典遭受了灾难性的打击,战争结束了。

战争的第三年,瘟疫袭击了雅典。雅典城内超过一半的人死于瘟疫,其中就有雅典伟大的领袖人物伯利克里。瘟疫过后的一段时间,雅典的领袖非常不尽如人意,不值得信赖。一位名叫亚西比德的优秀年轻人赢得了大众的喜爱。他建议突袭斯巴达在西西里岛的锡拉库扎殖民地。队伍整装待发,一切就绪。可亚西比德本人却陷入了一场街头混战,不得不逃之夭夭。接替他的将军完全不堪重任,先在海上吃了

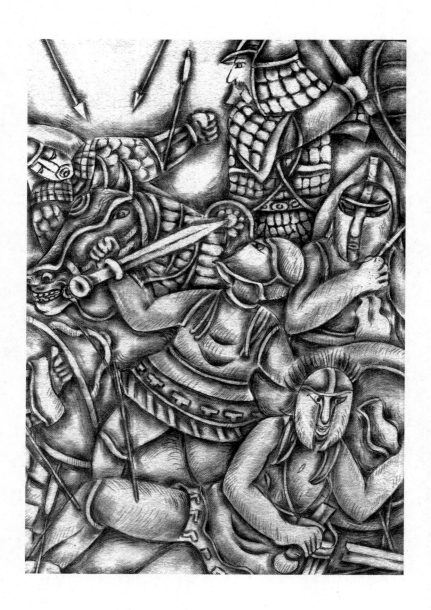

大败仗,接着又在陆地上损兵折将,幸存下来的几个雅典人被扔进了锡拉库扎的采石场,没有水喝,没有东西吃,都死了。

这一次出征让雅典所有的年轻人都送了命。雅典城的末日到了。斯巴达人包围了整座城市,多日后,雅典于公元前404年4月投降了。高高的围墙被拆除了,海军也到了斯巴达人的手里。鼎盛时期,雅典领导着幅员辽阔的殖民帝国,如今,它再也不是这一帝国的中心。虽然高墙倒了,战舰也到了别人手里,但雅典人与众不同的想要学习、想要探知的美好愿望并没有随之消逝。这种精神继续存活下来,甚至活得更为精彩。

雅典不再能够主宰希腊这片土地的命运。但是,作为世界上第一所大学的发源地,雅典引导了热爱智慧的人们,它的影响远远超越了希腊半岛窄小的边界,遍及整个世界。

亚历山大大帝

　　马其顿的亚历山大建立了希腊式的世界帝国,此番雄心究竟归于何处?

　　亚加亚人为了寻找新的牧场,离开了多瑙河沿岸的老家,之后在马其顿的山区待过一段时间。从此,希腊人同北方这群人多多少少一直保持着正式的交往。而马其顿人也关注着希腊的情况。

　　斯巴达和雅典两个城市为了争夺希腊半岛的领导权而争得你死我活,这场灾难性的战争终于结束了,此时马其顿的领袖是一位极其聪明的年轻人,名叫菲利普。他仰慕文学作品中的希腊精神,也仰慕希腊艺术,但希腊人在政治事务中缺少自控力,却让他鄙视。看到如此优秀的民族在无谓的争斗中损兵折将，浪费钱财，他甚为恼火。于是他自己成为了希腊的主宰，如此便解决了这一难题。然后，他请希腊人同他一道远征。薛西斯150年前带领军队造访了希腊，如今他也要造访一下波斯。

很不幸，精心准备的远征还没有开始，菲利普就被谋杀了。为雅典没落报仇的任务就落在了菲利普的儿子——亚历山大的肩上。亚历山大是亚里士多德的爱徒，而亚里士多德是全希腊最有智慧的老师。

公元前334年春天，亚历山大告别了欧洲。7年后，他登上了印度的土地。在这期间，他摧毁了希腊商人的老对手，腓尼基。他征服了埃及，尼罗河流域的人们将他奉为法老的儿子和继承人，拜服在他脚下。他打败了最后一个波斯王，推翻了波斯帝国，之后他又下令重修巴比伦。他带领军队进入了喜马拉雅山的中心地带，整个世界都是马其顿帝国的省份，都依附于马其顿帝国。接着，他停下脚步，宣布了更为雄心壮志的计划。

他认为，必须用希腊精神来教化新成立的帝国。所有的人都必须学习希腊文，他们必须居住在希腊模式的城市里。于是，亚历山大手下的士兵变成了学校老师。昔日的军事基地成了输入希腊文明的和平中心。学习希腊礼仪和希腊习俗的风潮越涨越高，突然，亚历山大发起了高烧，于公元前323年死在了巴比伦汉谟拉比古老的皇宫中。

他死后，学习希腊的风潮就慢慢平息了。但这阵潮水过后，所到之处都覆盖上了更高文明留下的沃土。虽然亚历山大的雄心不免幼稚，他本人也傻气虚荣，可是他做了一件非常有价值的事情。他死后不久，新建立的帝国也随之而去，几个野心勃勃的将军瓜分了马其顿帝国的疆土。可是他们依然忠于同一个梦想，那就是建立一个融合希腊和亚洲理念与知识的世界。

这些分裂之后的国家一直保持独立，后来，罗马人来了，将整个西亚和埃及纳入了自己的版图。来自罗马的征服者得到了这一奇特的希腊文明遗产，其中既有希腊文明，又有波斯、埃及和巴比伦的文明。接下来的数个世纪中，这一文明牢牢地主宰了罗马世界，直到今天，我们都还能在日常生活中感受到其影响。

罗马的崛起

罗马是如何崛起的？

罗马帝国的崛起是个偶然。没人计划过，事情就这样"发生了"。从来没有哪个著名的将军、政治家，或是刺客站起来说，"朋友们、罗马人、公民们，我们必须创建一个帝国，跟我来，我们要一直从赫拉克勒斯之门打到托罗斯山脉[①]。"

罗马是个盛产著名将军、杰出政治家和刺客的地方，罗马军队驰骋整个世界，但是罗马帝国的形成并没有任何预案。普通的罗马人是非常实事求是的公民。他们不喜欢政府理论。如果有人开始说什么"罗马帝国东进路线"，他们肯

---

① 托罗斯山脉（Taurus Mountains），土耳其南部的山脉。

定扭头就走。罗马的版图越来越大，只不过是形势所迫，并非出于野心或是贪婪的驱使。罗马人本质上是想要待在家里的农夫，他们也情愿如此。可是遭到了进攻，他们当然要捍卫自己，如果敌人要跨越重洋到远方寻求援助，不缺耐心的罗马人也会不远万里前去消灭危险的敌人。等到打败了敌人，他们就留下来管理这片新征服的省份，因为他们担心这些地方落入四处游荡的野蛮人手中，再次威胁到罗马的安全。这听起来挺复杂的，但在罗马同时代的人看来，这再简单不过了，我们马上就来讲这样一件事。

公元前203年，西庇阿将战火烧到了非洲。迦太基召回了汉尼拔。雇佣军很不听使唤，汉尼拔在扎马附近惨遭失败。罗马人让他投降，可汉尼拔逃走了，前去请求马其顿和叙利亚国王的援助，这一点我在上一章已经讲过了。

当时，这两个国家的统治者正在考虑出兵埃及。他们想要瓜分富饶的尼罗河流域。埃及法老听到消息，请求罗马前来援助。各种阴谋诡计、勾心斗角拉开了序幕。罗马人没有这份想象力，好戏还没有上演，他们就拉上了帷幕。公元前197年，在塞萨利中部，库诺斯克法莱①平原的战役

① 库诺斯克法莱(Cynoscephalae)为一座小丘陵，在希腊语中指的是"像狗头似的"。

中，罗马军团彻底击败了依旧在使用笨重的希腊方阵的马其顿军队。

罗马人继续南进，到了阿提卡①。罗马人对希腊人说，自己前来是为了"帮助他们摆脱马其顿人的束缚"。多年处在半奴隶的状态中，希腊人还是没有吸取教训，重获自由后，他们的行为非常不明智。正如在鼎盛时期一样，这些小小的城邦之间又开始互相争斗。罗马人不明白希腊人为什么要窝里斗，很不喜欢他们这样。虽然非常鄙视，但罗马人也表现出了极大的容忍。最后，他们厌倦了这些纷争，没有了耐心，举兵侵略了希腊，烧毁了科林斯（以此"警示其他希腊人"）。罗马人向雅典派出了地方长官，让他来管理这一混乱的省份。这一来，马其顿和希腊成了保护罗马东部边境的缓冲区。

穿过赫勒斯滂②就是安条克三世③统治下的叙利亚王国，他的贵客汉尼拔将军给他解释了入侵意大利、洗劫罗马城是多么容易的一件事，安条克三世对此表现出极大的兴趣。

西庇阿在扎马附近打败了汉尼拔，他的兄弟卢修斯·西庇阿被派往小亚细亚。公元前 190 年，卢修斯·西庇阿

① 阿提卡（Attica），古希腊地名。
② 恰纳卡莱海峡又称达达尼尔海峡，旧称赫勒斯滂（Hellespont）。
③ 安条克三世（Antiochus，公元前 223 年—前 187 年），叙利亚塞琉西王国国王。

在马尼萨①附近击败了叙利亚国王的军队。不久后,安条克三世被自己人私刑处死。小亚细亚成了罗马的保护国,小小的罗马城成了地中海大部分地区的主人。

———————————————————

① 位于今日的土耳其境内。

教会的兴起

罗马是如何成为基督世界的中心的？

帝国时期，罗马人的普通知识阶层对祖辈的信仰没什么兴趣。一年到头，他们也会去几次神庙，不过是习俗而已。每逢宗教节日，人群神情肃穆地游行庆祝，他们只是冷眼旁观。在他们眼里，崇拜朱庇特、密涅瓦和尼普顿①是非常幼稚的，是早期共和国粗鄙时期的遗留物，如果一个人掌握了斯多噶哲学、伊壁鸠鲁学说，以及雅典其他伟大哲学家的思想，就不应该再研究这种东西。

有了这样的态度，罗马人对宗教是非常包容的。所有的

① 朱庇特、密涅瓦和尼普顿分别为罗马神话中的主神、智慧女神和海神。

神庙中都应该有皇帝的雕像，政府规定所有的人，无论是罗马人、外国人，还是希腊人、巴比伦人、犹太人，看到这一雕像后，都应该表现出一定的敬意，就好像美国邮局往往挂有美国总统的照片一样，这只是一种形式，没有更深层次的涵义。一般而言，所有的人都可以朝拜自己信仰的神，因此，罗马到处都是各种各样稀奇古怪的小神庙和会堂，里面什么神都有，有埃及的神，非洲的神，还有亚洲的神。

耶稣的第一批信徒来到罗马，开始传播人人都是兄弟的新教条时，没有人反对。街上的人停下来，听一听，没什么好大惊小怪的，当时的罗马是世界的首都，总是有传教的人来来往往，每个人都在宣扬自己的"神秘之道"。在这些自诩为神父的人中，大多数都以实际的利益吸引人，宣称只要信奉了他们的神，就会得到金子的回报和无穷无尽的快乐。街上的人注意到这些自称为基督徒（基督的跟随者）的人说话不一样。身为贵族或是富甲天下，他们似乎都不为所动。他们颂扬贫穷、谦逊和驯服的美德。罗马人成为世界的主宰，靠的可不是这些美德。但在罗马的鼎盛时期，听到有人说世俗的成功不可能给罗马人带来永久的幸福，这还挺有趣的。

而且，这些基督的传教之人还说，如果不肯听从真正的上帝，就会遭受可怕的命运。碰运气可不是明智之举。这位新的神灵被人从遥远的亚洲带到了欧洲,如今罗马的诸神当然还在,但他们能够保护信徒们抵御这位新神的力量吗？罗马人又扭头回去,要听这种新教义还有什么说法。过了一阵子,他们开始和这些传播耶稣教诲的人们见面,发现这些人不同于一般的罗马神父。他们都穷得叮当响。他们善待奴隶和动物。他们并不祈求得到财富,有什么都给了别人。他们这样无私地生活着,在他们的榜样下,许多罗马人放弃了以前的信仰。他们加入了基督徒的小团体,在私人房子的密室里,或是在某处旷野上,或是废弃的神庙里举行聚会。

这样过了一年又一年,基督徒的人数不断增加。人们推举出长老或是神父来保护小教堂的利益。在一个省的范围内,大家还制定了主教一职为各个社区的领袖。跟随保罗到过罗马的彼得成了罗马的第一任主教。后来,他的继任者们成了教皇。

教会成了罗马帝国的权势机构。对现世绝望的人在基督教义中找到了希望。教会还吸引了很多强大的人,他们发现在帝国政府中工作没有前途,而在拿撒勒导师的追随者中他们却能施展领导才华。(在上文我已经说过了)罗马帝国包容不同的信仰,允许所有的人用自己的方式寻找救赎,但是要求不同的团体之间要保持和平,遵循"彼此宽容、互不挑衅"的明智原则。

但是，当时的基督徒社区拒绝执行宽容的准则。他们公开宣称，只有他们的神才是天堂和人间真正的主宰，其他的神全是冒牌货。对于其他的团体而言，这样的说法似乎有失公允，警察也制止这样的言论，但基督徒继续我行我素。

很快，又有了麻烦。基督徒拒绝执行向皇帝致敬的礼节。他们拒绝应召入伍。罗马地方法官威胁要惩罚他们。他们回答说这个悲惨的世界不过是通往极乐天堂的接待室，他们巴不得为自己的原则而死。这样的行为让罗马人觉得疑惑不解，他们有时会处决罪犯，更多的时候并没有杀他们。教会早期有过一些私刑，但这都是那些暴徒的行为，他们无中生有，给自己逆来顺受的基督邻居定下种种罪行（比如说宰杀食用婴儿、制造疾病和瘟疫，或是在危机时刻背叛祖国），基督徒根本就不会反击，所以他们这样做一点危险都没有。

与此同时，罗马不断遭到野蛮人的侵略，不断吃败仗，基督传教士继续前进，给野蛮的条顿人宣扬和平的福音。这些传教士意志坚定、不惧死亡；谈到顽固不化的罪人的未来，他们言之凿凿，条顿人很是为之所动，他们依旧很尊敬罗马古城的智慧。给他们传教的人是罗马人，也许他们说的是实话。很快，基督传教士在野蛮的条顿人和法兰克人军团中就形成了一股力量，几个传教士就抵得上一个团的士兵。皇帝们意识到基督徒可能派得上大用途。在一些省份，基督徒和坚守老信仰的人们享有平等的权利。到了公元 4 世纪上半叶，格局发生了重大的改变。

当时的皇帝是君士坦丁大帝，他生性残暴，可也不能怪他了，在那个比谁拳头硬的时代，性格温和人也很难幸存下来。他一生坎坷，经历了许多起伏。有一次，眼看就要被敌人打败了，他想：人人都在谈论这位亚洲传来的神灵，为什么不试一下他的力量呢？于是，他许诺说，如果在下一场战斗中取胜，他也会成为一名基督徒。他获得了胜利，相信了基督教上帝的力量，接受了洗礼。

从这以后，基督教会就得到了官方的承认，地位大大提高了。

但是基督徒在人群中依然是小众，非常小众(不超过 5% 或是 6%)，要大获全胜，他们绝不能走折中路线，必须要捣毁以前的诸神。尤利安努斯①皇帝热爱希腊智慧，有那么一段时间，他想要拯救罗马传统的诸神，让他们免于进一步的毁

---

① 弗拉维乌斯·克劳狄乌斯·尤利安努斯 (Flavius Claudius Julianus，331 年—363 年)，君士坦丁王朝的罗马皇帝，361 年—363 年在位。他是罗马帝国最后一位多神信仰的皇帝，并努力推动多项行政改革。因其恢复罗马传统宗教并宣布与基督教决裂，被基督教会称为背教者。

灭。但在与波斯的一场战役中,他负伤身亡,他的继任者约维安①重建教会,恢复其辉煌。古代神庙的大门一个接一个地关闭了。后来查士丁尼②继位(他在君士坦丁堡修建了圣索菲亚大教堂),他关闭了雅典柏拉图创建的哲学学校。

古希腊世界走到了尽头,在那个世界里,人们可以随心所欲有自己的思想,有自己的梦想。野蛮和无知的大洪水冲走了过去的秩序,哲学家们多少有些似是而非的行为准则已经不能再充当人生的罗盘,人们需要更为明确的指令,这正是教会提供的东西。

在动荡的岁月中,教会坚如磐石,奉为真理的神圣信条绝不会有半点动摇。这种坚韧的勇气赢得了多数人的仰慕,动荡的岁月摧毁了罗马帝国,而罗马教会有了众人的支持,得以平安度过。

然而,基督教取得最终的胜利也有偶然的成分。公元5世纪,狄奥多里克的罗马—哥特王国消亡后,相对而言,意大利并

---

① 弗拉维乌斯·克劳狄乌斯·约维安努斯(Flavius Claudius Iovianus,332年—364年),又译卓维安,是一位军人,被军队选为罗马皇帝。

② 查士丁尼一世(全名为弗拉维·伯多禄·塞巴提乌斯·查士丁尼 Flavius Petrus Sabbatius Justinianus,约483年—565年),东罗马帝国(拜占庭帝国)皇帝(527年—565年),史称查士丁尼大帝(Justinianus the Great)。

没有遭到什么大规模的外国侵略。哥特人走后，伦巴第人①、撒克逊人和斯拉夫人来了，但他们都是落后薄弱的部落组织。在这种情况下，罗马的主教得以保持城市的独立。很快，半岛上分崩离析的帝国都承认罗马主教为他们的政治和精神领袖。

舞台已经搭建好了，需要一位能人登场。公元590年，这位能人出现了，他的名字是格雷戈里，出身于古罗马的统治阶层，做过罗马城的地方行政长官，也就是市长一职。接着，他成了教士，然后成了主教，最后他不情不愿地被拖到了圣彼得大教堂，成了教皇（他本人想要成为传教士，到英格兰去传教）。他在位只有14年的时间，但到了他去世之时，西欧的基督世界已经正式承认了教皇和罗马主教作为教会领袖的地位。

可是这一权力并没有延伸到东方。在君士坦丁堡，皇帝依旧延续古老的习俗，奥古斯都和提比略的继任者既是政府的首脑，也是国家宗教的领袖。公元1453年，土耳其人征服了东罗马帝国，君士坦丁堡沦陷，最后一任罗马皇帝君士坦丁·帕里奥洛格斯②被杀死在圣索菲亚教堂的阶梯上。

---

① 伦巴第人，是日耳曼人的一支，起源于斯堪的纳维亚，今日瑞典南部。
② 君士坦丁·帕里奥洛格斯（Constantine Paleologue，1404年—1453年），拜占庭帝国的最后一位皇帝。

而几年前,帕里奥洛格斯的兄弟托马斯的女儿佐伊嫁给了俄国的伊凡三世①。这样一来,莫斯科大公就成了君士坦丁堡传统的继承人。代表古老拜占庭的双鹰图案(缅怀罗马分为东罗马和西罗马的岁月)登上了俄国的徽章。沙皇以前只是俄国贵族的最高等级,如今有了罗马皇帝的尊贵和体面,得以凌驾于臣民之上。沙皇之下,无论等级高低,都是尘土一般的奴隶。

沙皇的宫廷再现了东罗马帝国的风格,即东罗马帝国的皇帝从亚洲和埃及引进来的自诩为亚历山大大帝宫廷的派头。奄奄一息的拜占庭帝国将这一奇特的遗产馈赠给了俄国这片土地,蓬勃地存在了6个多世纪。事实上,最后一个皇冠上装饰有君士坦丁堡双鹰图案的人是沙皇尼古拉,他被杀是不久前的事情。他的尸首被扔在了井里,他的儿子和女儿们都被杀死了。沙皇自古以来的权力和特权都被剥夺了,教会在俄国的地位回到君士坦丁之前的罗马岁月。

不过东派教会的命运不同于帝国的遭遇,我们下一章就会讲到。一位赶骆驼的人提出了不一样的教义,基督世界遭遇对手,面临着毁灭。

---

① 伊凡三世·瓦西里耶维奇(Иван III Васильевич,1440 年—1505 年),是莫斯科大公,在位时间 1462 年—1505 年。伊凡三世是使俄罗斯取得了独立的莫斯科大公。

查理曼大帝

　　法兰克人的国王查理曼赢得了帝冠，想要重振称霸世界的旧梦。

　　普瓦捷一战告捷，欧洲没有成为穆斯林的囊中物。可是自从罗马帝国警官消失之后，欧洲一直都处在一种无望的混乱中，这就是欧洲内部的敌人，这个敌人依然存在。没错，北欧信奉基督教的人对罗马的大主教心怀深深的敬意。可是这位可怜的主教在眺望远处的山脉时，也深深地感到不安。谁都不知道又有什么野蛮人想要翻过阿尔卑斯山，展开对罗马新一轮的进攻。世界的精神领袖有必要，很有必要寻找一位刀锋利、拳头硬的同盟在危险之际保护教皇。

　　教皇不仅非常神圣，而且还极其务实，他开始寻找盟友，

不久就找到了最有前途的日耳曼部落，他们在罗马帝国没落之后，占据了欧洲西北部。他们被称作法兰克人。墨洛维①是他们早期的国王之一，曾于公元451年在卡塔隆平原战役②助罗马人一臂之力，击退了匈奴人。他的后代，也就是墨洛温王朝的国王们一直在一点点地增加自己的版图，到了公元486年，国王克洛维觉得自己实力已足，可以同罗马人公开叫阵。可是他的后代都懦弱无能，把国事都委托给他们的"宫相"，即宫廷管家，也就是首相。

矮子丕平③的父亲是著名的铁锤查尔斯，他接任父亲担任宫相一职，面对局势，一筹莫展。他的主子是个虔诚的神学者，对政治毫无兴趣。丕平向教皇征求意见。务实的教皇回答说："国家的权力属于实际掌握者。"丕平心知肚明，在他的劝说下，最后一位墨洛温国王希尔德里克成为了修道士，而丕平自己得到了其他日耳曼部落酋长的拥戴，成为了

- - - - - - - - - - - - - - - - - -

① 墨洛维（Merovech，约415年—457年），法兰克萨利安（Salian）部落的头领，墨洛温王朝建立者克洛维的祖父。

② 卡塔隆平原战役（Battle of the Catalaunian Fields）公元451年6月，在卡塔隆平原（法国东北部的大平原，位于特鲁瓦城以西）进行的"各族人民会战"，结束了匈奴人对西欧的侵犯。

③ 矮子丕平（Pepin the Short，714年—768年），又称丕平三世，公元751年至768年在位的法兰克国王，是查理曼大帝的父亲，加洛林王朝的创建者。

国王。可是精明的丕平并没有就此满足,他要的可不只是野蛮部落的酋长职位。他精心准备了仪式,请欧洲西北部伟大的传教士卜尼法斯为他涂油,宣布他为"受命于上帝的国王"。"受命于上帝"这几个字很容易就进入了加冕礼中,又过了差不多 1500 年的样子,人们才把这几个字眼请了出去。

丕平对教会的友好态度很是感激,他两次出兵意大利保护教皇。他从伦巴族人手里夺走了拉文纳和其他几个城市,并把这些城市献给了教皇,而教皇将这些地盘并入了教皇辖地,直到半个世纪之前①,这些地方还是独立的国家。

丕平死后,罗马和亚琛②、奈梅亨③、殷格翰④(法兰克国王并没有正式的居住地,他们带着大臣和宫廷官员随处迁徙)之间关系越来越亲密。最后教皇和国王共同走了一步棋,这一步棋将会大大影响欧洲历史的发展。

768 年,丕平死后,查尔斯继位,他就是大家知道的查理曼大帝。他征服了德意志东部的撒克逊人,在北欧大部分地

---

① 《人类的故事》最初出版于 1921 年。半个世纪之前,也就是 19 世纪后半叶。
② 亚琛(Aachen),又译作阿亨,位于德国北莱茵—威斯特法伦州,靠近比利时与荷兰边境。
③ 奈梅亨(Nymwegen),位处荷兰。
④ 殷格翰(Ingelheim),位处德国。

区修建了城镇和修道院。在阿卜杜勒·拉赫曼的对手的请求下，他入侵了西班牙，同摩尔人交战。但是在比利牛斯山，他遭遇了野蛮的巴斯克人的袭击，不得不撤退。就在这关键的时候，布列塔尼侯爵，伟大的罗兰[1]挺身而出，彰显了早期法兰克人酋长的忠贞之心，为了掩护国王的军队，他和他忠诚的追随者们都献出了自己的生命。

到了9世纪的最后10年，查尔斯不得不全身心地处理南方的事务。教皇利奥三世[2]遭到了罗马暴徒的袭击，他被扔在大街上等死。一些好心人给他包扎了伤口，帮助他逃到了查尔斯的军营，到了那里之后，他向查尔斯求助。法兰克人派出了一支军队，很快就恢复了罗马的平静，利奥也回到了拉特兰宫，自从君士坦丁时代开始，这里就是教皇的居所。这是公元799年12月。第二年的圣诞节，查尔斯在罗马参加了圣彼得教堂的仪式。他祈祷完了站起来的时候，教皇把皇冠戴在了他的头上，称他为罗马人的皇帝，并且启用了数

---

[1] 罗兰(Roland,?—778年)查理曼大帝麾下的12圣骑士的首席骑士，史上第一位被称作"帕拉丁(即圣骑士)"的人，拥有无可挑剔的美德。

[2] 圣·利奥三世(750年?—816年)，795年—816年任教皇。公元800年，他给查理曼大帝加冕为罗马的西方皇帝。通过此举，利奥为神圣罗马帝国的建立打下基础并赢得了强有力的法兰克统治者的保护。

百年来没有使用过的"奥古斯都"的尊号来称呼他。

北欧再次成为了罗马帝国的一部分,但这一次的荣耀归于一位日耳曼的酋长,他勉强能认识一些字,却是一个字也不会写。但他骁勇善战,在短期内,欧洲恢复了秩序,甚至连他的对手,君士坦丁堡的东罗马皇帝也写来赞同的信件,称呼他为"亲爱的兄弟"。

很不幸的是,这位能人死于814年。他的儿子们和孙子们你争我斗,都想继承到最大的地盘。843年签订了凡尔登条约,870年签订了梅尔森条约,两次分割了加洛林王朝①的土地。870年签订的梅尔森条约将整个法兰克王国一分为二。大胆的查理得到了西边的那一半,其中的高卢是以前罗马的一个省,这里的语言已经完全罗马化。法兰克人很快就习得了这种语言,这就解释了为什么法兰西这样纯种的日耳曼民族会讲拉丁语。

查尔曼大帝的另一个孙子得到了东边的土地,就是以前罗马人口中的日耳曼尼亚。这一地区荒蛮强悍,从来没有被划入古罗马的地盘。奥古斯都曾经想要征服这片"远东之

---

① 加洛林王朝(Carolingian),公元751年,加洛林家族取代墨洛温家族,正式坐上法兰克王国的王位。在王朝的鼎盛时期,加洛林家族在名义上复辟了罗马帝国,即开创了后世所谓的神圣罗马帝国。

地",但他的军团于公元9年在条顿堡森林遭到了灭顶之灾。罗马文明从未影响过这片土地的人们,他们讲的是通用的日耳曼语言。条顿人口中的"人民(people)"一词是"thiot"。基督教的传教士因此称这种日耳曼语言为"lingua theotisca",或是"lingua teutisca",意思是说"通用方言",后来"teutisca"这个词演化成了"deutsch",这就解释了"Deutschland(德意志)"这个词的由来。

至于那顶众人垂涎的帝冠,很快就从加洛林王朝后人的头上滑了下来,回到了意大利平原,成为了数个小统治者手中的玩物。他们互相残杀,争夺帝冠,(不论教皇同意与否)戴在头上,接着又被下一个野心勃勃的邻居抢走。敌人再次袭来,教皇不堪忍受,派人前往北方求救。这一次,他并没有向西部的法兰克王国求助。他的使者跨过阿尔卑斯山,来到了奥托①面前,奥托是撒克逊亲王,是众日耳曼部落公认的最伟大的首领。

奥托和他的人民都喜爱意大利半岛蔚蓝的天空和那里热情美丽的人们,他马上前去救援。作为回报,教皇利奥八

---

① 奥托一世(Otto I,912年—973年),又译鄂图一世,德意志国王(936年—973年在位),神圣罗马帝国皇帝(962年加冕)。史称奥托大帝。

世册封他为"皇帝",自此,查尔斯王国的东部就成了"日耳曼民族的神圣罗马帝国"。

这一奇特的政治创造存在了漫长的889年的历史,到了1801年,被毫不留情地清扫到了历史的垃圾堆里。一个野蛮的家伙摧毁了古老的日耳曼帝国,他是科西嘉人,他的父亲是公证人,他本人服务于法兰西共和国,因此而飞黄腾达。这个野蛮的家伙靠着鼎鼎大名的卫队军成了欧洲的主宰,但他并不满足。他派人到罗马请来了教皇,教皇站在他身边,而他自己把皇冠戴到了头上,宣称自己继承了查理曼大帝的大统,他就是拿破仑将军。历史就如人生,万变不离其宗。

封建制度

遭受三个方向的夹攻,欧洲中部变成了大兵营,职业士兵和行政人员是封建制度的一部分,正因为他们,欧洲才没有消亡。

公元1000年,处在欧洲的大多数人们都过着悲惨的生活,他们相信世界末日的预言,争先恐后地逃到了修道院,虔诚修行,想以侍奉上帝的状态迎接审判日的到来。

日耳曼部落离开亚洲老家,一路西迁,来到欧洲,具体的时间我们并不清楚。凭借人数众多,他们冲进了罗马帝国,摧毁了伟大的西罗马帝国,而东罗马帝国由于不在这次大迁徙的路线上,侥幸逃脱,勉强继续着罗马昔日辉煌的传统。

后来就是混乱的局面(也就是公元6世纪和7世纪,历史上真正意义的"黑暗世纪"），这些日耳曼部落接受了基督教，承认罗马主教为教皇，也就是世界的精神领袖。到了9世纪，查理曼大帝才能卓越，重振罗马帝国，将西欧的大部分地区凝聚在一起，成为了统一的国家。到了公元10世纪，这个王国分崩离析。西部成为了独立的王国——法兰西。东部成为了日耳曼民族的神圣罗马帝国，这个联邦国家的统治者自称继承了恺撒和奥古斯都的大统。

不幸的是，法兰西国王的势力不过是在皇宫的护城河之内，而神圣罗马帝国中有权势的臣子更是随心所欲，见利忘义地公然挑战皇帝的权威。

更让劳苦大众苦不堪言的是，西欧这个三角地带一直都暴露在三方面的夹攻之中。南面是一直虎视眈眈的穆斯林。西面海岸遭受北欧人的掠夺。东面边境除了一小段喀尔巴阡山脉的天然屏障之外，就无人防御，匈奴人、匈牙利人、斯拉夫人和鞑靼人随心所欲，想来就来。

罗马的和平成了遥远的过去，成了梦境中"过去的好日子"，一去不复返了。现在变成了"要么作战、要么死去"，人们自然是选择了作战。形势所迫，欧洲变成了武装大军营，需要强有力的领导。国王和皇帝都是远水救不了近火。边境上的人（公元1000年，大部分欧洲地区都是边境）必须自助。国王派出代表管理边境地区,只要这些代表能够保护他们不受敌人进攻,边境上的居民自是乐意服从他们。

很快,欧洲中部就布满了小小的封邑,封邑的统治者或是公爵、或是伯爵、或是男爵、或是主教,他们组织成了一个个的作战单位。国王赐给公爵、伯爵和男爵以"封地(feudum)"(所以有了封建制度(feudal)的说法),这些贵族则要发誓效忠国王,尽职为国王服务,并且缴纳一定的税额。在当时,交通不便,交流极为不畅,这些皇室派出的管理者因此享有极大的自主权,在各自的省份里,他们占有了实际上属于国王的大部分权力。

你如果觉得11世纪的人们反对这种政府形式,那你就错了。封建制度在当时非常实用,而且很有必要,受到了大家的支持。他们的主人和领主住在大石头房子里,这些房子要么建在高高的岩石之上,要么周围有护城河的保护,但都在他的子民看得见的地方。危险来临时,子民就到这些宏伟的要塞中避难。这就是为什么当时的人们都选择住在离城堡尽可能近的地方,这也就解释了为什么许多欧洲城市都是围绕封建时期的堡垒发展而来的。

可在中世纪早期,骑士不仅仅是职业士兵,他是当时的公务员,是所在社区的法官,是警察的头儿。他逮捕强盗、保护走乡串户的小贩，这些小贩就是11世纪的商人。骑士负责照看堤坝，保护乡村地区免受洪水之灾（就像4000年前，尼罗河流域法老的所作所为）。他们鼓励吟游诗人讲述大迁徙战争中古代英雄的故事。他们还要保护管辖范围内的教堂和修道院。虽然骑士不识字（在当时看来，识文断字是缺少男子汉气概的表现），但他们雇佣了数位神父为自己记账，做结婚、出生和死亡登记。

到了15世纪，国王重新变得强大起来，重新拿回了属于自己的"上帝赐予"的权力。这些封建骑士就失去了往日的独立王国，沦为乡绅，没有了用武之地，他们很快就成了百无一用的阶层。但是，如果没有中世纪的"封建制度"，欧洲可能已经不存在了。正如今天我们社会上有坏人，当时也有遭人痛恨的骑士。但总的来说，12世纪和13世纪的这些硬拳头的男爵们都是辛勤工作的管理者，为社会的进步作出了很大的贡献。学习和艺术这一高贵的火炬曾点亮了埃及、希腊和罗马的世界，但在封建时期，这把火炬的光芒非常暗淡。如果没有骑士和修道士，文明的火焰有可能彻底熄灭，而人类有可能不得不再次从洞穴时期起步。

骑士精神

中世纪的这些职业作战人士自然是要建立起某种组织，以谋求共同利益，互相守望。既然有了建立密切关系的需要，骑士精神就应运而生了。

我们对骑士精神的起源几乎是一无所知。但这一体系就这么发展起来了，给予了这个世界亟需的东西——这是一种明确的行为准则，缓和了当时野蛮的民风，改善了500年黑暗时代不可忍受的生活。边境上的人大部分时间都在同穆斯林、匈奴人和北欧人作战，民风彪悍，想要教化他们可不是易事。他们常常都是屡教屡犯，上午才发下各种誓言，承诺做到宽恕仁慈，但天还没有黑，他们就大开杀戒，杀死了所有的囚犯。不断努力，进展虽然缓慢，还是有了进步，后来，就是最肆无忌惮的骑士也不得不遵守自己"阶层"的规矩，要么就得自食其果。

在欧洲不同地区，这些规矩都不一样，但所有的地区都相当看重"服务精神"和"尽忠职守"这两点。在中世纪，服务精神是一种崇高的美德。只要服务得好，不偷懒懈怠，就是做仆人也没有什么丢脸的。在当时，生死取决于是否能够忠诚地完成众多令人不悦的职责，尽忠职守当然就是战士的首要美德。

所以，年轻的骑士要发誓效忠上帝、效忠国王，而且，他们还要承诺宽待那些比自己更需要帮助的人。他们要保证言行谦逊，永不吹嘘自己的成就，友善对待那些遭受痛苦的人（穆斯林除外）。

这些其实就是中世纪的人们能够理解的《十诫》，由此发展出了一套复杂的行为规则和礼仪。吟游诗人讲述了亚瑟圆桌骑士和查理曼大帝宫廷的英雄故事，你们也在很多精彩的书中读到过他们的事迹，中世纪的骑士们想要仿效这些英雄的榜样，他们希望自己能够像兰斯洛特①一样英勇，像罗兰一样忠诚。无论是衣着寒酸，还是囊中羞涩，他们都举止高

---

① 兰斯洛特(Lancelot)，亚瑟王圆桌武士中的第一位勇士。

贵,谈吐得体,这样人们才知道他们是真正的骑士。

就这样,骑士精神的规范成了培养礼貌的学校,而礼貌则是社会机器的沃土。骑士精神就是有礼貌,封建城堡向全世界展示了应该如何着装、如何进餐、如何邀请女士跳舞,还有很多很多日常行为的细节,有了这些东西,我们的生活变得有趣而和睦。

时过境迁,骑士制度不再有用了,也到了寿终正寝的时候,人类所有的制度都是如此。

十字军东征之后,贸易复苏,城市如雨后春笋般蓬勃发展。市民有钱了,他们雇上了优秀的老师,很快,他们同骑士也就旗鼓相当了。火药发明出来了,骑士的厚重铠甲也就失去了优势。人们开始使用雇佣兵,再也不可能像下国际象棋那样优雅微妙地作战了,骑士成了多余的人。他们还是固守已经失去了实用价值的理念,很快就变成了可笑迂腐的角色。据说,高贵的堂吉诃德是最后一位真正的骑士,在他死后,为了偿还他的债务,人们变卖了他的宝剑和盔甲。

后来,机缘凑巧,这把剑似乎到过数个人手里。在福吉谷绝望的日子里,华盛顿佩戴着这把宝剑。困守在喀土穆的堡垒里,戈登将军断然拒绝舍下生死相托的手下,他留下来面对死亡,这把剑是他手中唯一的武器。

　　我不是特别肯定，但事实证明，在刚刚过去的世界大战①中，骑士精神的作用是不可估量的。

---

① 这里指的是第一次世界大战。

中世纪的世界

中世纪的人们如何看待自己的世界？

日期是一项非常实用的发明。我们的生活不能没有日期，但我们也必须小心，否则日期也会戏弄我们。日期总是把历史搞得非常精确。比如说，我谈论中世纪人们的观点时，并不是说在公元 476 年 12 月 31 日，全欧洲的人突然就说："啊，现在罗马帝国完蛋了，我们生活在中世纪了，多么有趣呀！"

一方面，无论在习惯、举止言谈，还是人生观上，查理曼大帝法兰克宫廷上的人们都还是罗马人。另一方面，等你长大成人后，会发现有些人还停留在洞穴人的阶段。年代的特征互相重叠，前后几代人的思想也是你中有我，我中有你，不能完全区分。但是我们还是可以研究中世纪很多人的思想，得出当时普通人如何看待人生，如何看待生活中众多难题的大致态度。

首先要记住的是，中世纪的人从来没有想过自己是生而自由的公民，从来没有想过自己可以来去自由，可以根据自己的能力、精力或是运气塑造自己的命运。相反，他们认为自己是整体规划中的一部分，这个规划中有皇帝和农奴、教皇和异教徒、英雄和流氓、富人和穷人，还有乞丐和小偷。他们接受了上天神圣的安排，从不质疑。当然了，这就是他们同现代人迥异的一点，现代人不会逆来顺受而总是要不断改善自己的经济和政治处境。

对于 13 世纪的男女而言，世界就是享乐的天堂和折磨人的燃烧着硫磺的地狱，这可不是空洞的词汇或是含混的神学术语，这就是他们眼中的现实，中世纪的市民和骑士一生大部分的时间都是在为之而准备。我们现代人好好活上一辈子后，看待死亡就如古希腊人和古罗马人一般平静。六十年的辛勤努力后，我们长眠不醒，心情坦然，觉得一切都会好好的。

但是在中世纪情况可不一样，死神带着狰狞的头骨和哗哗作响的骨架，时刻都伴随在人们身边。人们睡觉时，死神拉着恐怖的乐曲，刺耳的小提琴声将他们从睡梦中惊醒；人们吃饭时，死神就坐在他们旁边；男人们带上女人们出去散步，死神就躲在树木和灌木丛后面对着他们微笑。如果你小时候听的不是安徒生和格林童话，而是墓地、棺材和可怕疾病的恐怖故事，那你也会一生都生活在临终和审判日的恐惧当中。中世纪的孩子们就是听着这样的恐怖故事长大的。他们的世界里到处都是魔鬼和幽灵，偶尔会出现几个天使。有时，出于对未来的恐惧，他们变得谦逊和虔诚，但更多的时候，这种恐惧都产生了不好的影响，人们变得残忍而伤感。他们占领了某个城市后，首先会杀死城里所有的女人和孩子，接着他们又虔诚地前往某处圣地，摊开沾满了无辜者鲜血的手，祈祷怜悯的上天原谅他们的罪恶。是的，他们不仅会祈祷，还会留下酸楚的泪水，忏悔自己是最可恶的罪人。但是第二天，他们又血洗了另一处萨拉森人的营地，心中没有半点慈悲。

当然了，十字军战士是骑士，他们的行为准则同普通人有所不同。可在这些方面，普通人和他们的主子没有什么不一样。普通人就像一匹怯懦的马，就是影子或是破纸片也会让他惊慌失措，他们也能够出色忠诚地完成任务，但只要臆想看到了鬼魂，肯定要夺路而逃，闯出祸事来。

在评判这些人之前，我们不要忘记他们身处的不利环境。他们不过是装出文明人样子的野蛮人。查理曼大帝和奥托大帝号称是"罗马皇帝",但实际上他们和罗马皇帝(比如说屋大维或是奥里利乌斯)几乎就没有相似之处,两者之间的比较就像是刚果的旺巴·旺巴"国王"与瑞典或丹麦高学历的统治者相比。中世纪的人们就像是生活在辉煌废墟中的野蛮人,他们的祖辈和父辈摧毁了过去的文明,他们没有享受到这种文明的好处,他们愚昧无知。对现在12岁男孩知道的东西,他们都一无所知。他们所有的信息都来自一本书,这本书就是《圣经》。《圣经》中教导人类要有爱心、要仁慈、要宽恕的章节都出自《新约》,这一部分的内容引导人类向善。可是作为天文学、动物学、植物学、地理学和其他种种科学的手册,这本珍贵的书就不那么值得信赖了。到了12世纪,中世纪的图书馆终于有了第二本书,也就是公元前4世纪古希腊哲学家亚里士多德编撰的实用知识大百科。这位亚历山大大帝的老师很受基督教推崇,而其他所有的古希腊哲学家都因为异教徒的观点遭到了教会的谴责,其中的缘由是什么呢? 这一点我并不清楚。但事实就是:除了《圣经》,亚里士多德的著作是真正的基督徒可以放心阅读的书籍。

亚里士多德的著作到达欧洲多少费了些周折。他的著作从希腊传到了亚历山大港。接着在公元7世纪征服了埃及的穆斯林将他的作品从希腊文翻译成了阿拉伯语。然后,

穆斯林大军将其带到了西班牙,哥多华①摩尔人的大学都在教授这位伟大的马其顿斯塔利亚人(亚里士多德出生在马其顿的斯塔利亚)的作品。想要接受通才教育的基督徒学生穿过比利牛斯山,来到西班牙,将这些阿拉伯语的文本翻译成了拉丁文。于是,亚里士多德的著作四处旅行一番,终于来到了欧洲西北部,得以在不同的学校教授。具体的过程并不是特别清楚,正因为如此,这段历史就更有趣了。

有了《圣经》和亚里士多德,中世纪最聪明的人就开始按照上帝的旨意来解释天地之间的万物了。这些被称作"经院学者"的人真的是非常聪明,但他们所有的信息都来自书本,他们从来没有进行过实际的观察。如果他们要讲授鲟鱼或是毛毛虫,他们就读一读《旧约》《新约》和亚里士多德的书,然后就告诉学生这些书中是如何讲述鲟鱼和毛毛虫的。他们不会到附近的河中抓一条鲟鱼,也不会离开书斋到后院捉几条毛毛虫,也不会到动物的栖息地观察研究它们。像大阿尔伯图斯②和托马斯·阿奎纳③这样的著名学者不会探求为

① 西班牙城市。
② 大阿尔伯图斯(Albertus Magnus,约1200年—1280年),德国天主教多明我会主教和哲学家。
③ 托马斯·阿奎纳(Thomas Aquinas,约1225年—1274年),中世纪经院哲学的哲学家和神学家,他把理性引进神学,用"自然法则"论证"君权神圣"说。他是自然神学最早的提倡者之一,也是托马斯哲学学派的创立者,成为天主教长期以来研究哲学的重要根据。

什么巴勒斯坦的鲟鱼、马其顿的毛毛虫会同欧洲西部的不一样。

　　偶尔也会出现罗杰·培根[①]这样非常有好奇心的学者，开始用放大镜和小望远镜做实验，他真的把鲟鱼和毛毛虫搬到了讲堂上，证明这些生物同《旧约》和亚里士多德讲的不一样，尊贵的经院学者看到他的所作所为后就直摇头。培根走得太远了，远远超过了他所处的时代。后来，他居然敢说一个小时的实际观察胜过研究亚里士多德十年，他还说，亚里士多德的作品翻译过来了，虽然有好处，还是不翻为好。听到他说了这样的话，经院学者跑到警察那里说："这个人威胁到了国家安全。他想要我们学习希腊文，用希腊文阅读亚里士多德。数百年来，我们虔诚的人都满足于阿拉伯语翻译成拉丁文的著作，为什么他要不满意呢？为什么他这么好奇鱼和昆虫内部的结构呢？也许他是个邪恶的巫师，想要用巫术颠覆现有的秩序。"他们的陈词非常有说服力，那些捍卫和平的守卫者吓坏了，他们禁止培根写作，一个字都不准写，禁令一下，就是十多年的时间。等到培根可以继续研究，他也学乖了，采用了一种奇特的密码方式来写书，这样一来，他同时

---

① 　罗杰·培根(Roger Bacon，约 1214 年—1293 年)，另翻译为罗吉尔·培根，英国具有唯物主义倾向的哲学家和自然科学家，著名的唯名论者，实验科学的前驱。

代的人就无法读懂其中的内容。基督教会不想要人们提出质疑和动摇信仰的问题,举措越来越严厉,这种用密码写书的方式变得非常常见。

基督教会举措严厉,但并非出于愚民的险恶用心。当时禁止异端邪说是出于一种良好的动机。他们坚信,或者应该说他们认为这一生不过是为了在另一个世界真正的存在做准备。他们相信知道得过多,人就会不舒服,脑子里就会装满危险的念头,就会产生怀疑,因此会走向灭亡。中世纪的经院学者看到学生偏离《圣经》和亚里士多德的权威学说,自行研究,就好比慈爱的母亲看到自己幼小的孩子走向滚烫的火炉。母亲知道,如果不制止,孩子就会烧伤小指头,母亲要让孩子往回走,如果有必要,会强迫他往回走。但母亲是真爱这个小孩的,如果小孩听话,她也非常和颜悦色。如同这位母亲一般,这些中世纪灵魂的守护者在涉及信仰的问题上的确非常严厉,但他们也夜以继日辛勤工作,为信徒们提供所有可能的服务。只要可能,他们都会伸出援助之手,数千位虔诚的男女竭尽所能地让普通人生活得更好些,在社会上,他们的影响力也是随处可见。

在当时,农奴就是农奴,其身份一辈子都不会改变。但在中世纪,仁慈的上帝虽然让农奴终身为奴,也赐给了这些卑微的生命不朽的灵魂，因此农奴的权利也受保护，他有权像一个善良的基督徒那样生活和死去。农奴太老了，或是太虚弱了不能工作的时候，他的主人必须照顾他。因此，虽然农奴的生活单调沉闷，他从来不为明天担忧。他知道自己是"安全"的，也就是说自己不会失业，他知道自己头顶上永远都会有屋顶（也许会是漏雨的屋顶，但总好过没有），他也知道自己永远都会有口饭吃。

社会所有阶层都有"稳定感"和"安全感"。在城镇里，商人和手艺人成立了行会，以保证每位成员都有稳定的收入。行会并不鼓励有雄心的人去胜过自己的邻居。更多的时候，行会都是在保护那些"过得去"的"懒人"。行会在劳动阶层中普遍建立了一种满足和安全感，如今在我们的竞争社会，这种感觉是不存在的。中世纪的人也知道我们现代人口中"垄断"带来的危险，如果某个富人占有了所有的谷物、肥皂或是腌鲱鱼，他就能迫使所有的人按照他定下的价格买这样东西。因此，中世纪的当局政府限制大批买卖，并且规定商品价格。

中世纪不喜欢竞争。为什么要竞争呢？为什么要忙忙碌碌、你争我夺呢？审判日近在眼前，天堂的金色大门开启时，善良的农奴要进天堂，而邪恶的骑士要下到最深的地狱里忏悔,这时财富又有什么用呢?

简言之,中世纪的人们放弃了部分思想和行动的自由,以换得更大的安全,免受肉体和精神的贫困。

反抗的人非常少。他们坚信自己只是这世上的匆匆过客,他们到这里就是为了准备更为重要的来世。这个世界上到处都是痛苦、邪恶和不公正,他们刻意转过头去,不要看这一切。他们拉上了百叶窗,不让阳光转移自己的注意力,他们关注的是《启示录》中的章节,书中说天堂的光辉将会带给他们永恒的幸福。他们闭上眼睛,无视这世上大多数的快乐,这样他们就能享受到不久之后等着他们的永久幸福。他们认为人生是必须忍受的罪恶,而死亡是辉煌日子的开始。

古希腊人和古罗马人从来没有操心过未来,他们努力在世上建造自己的乐园。事实上,他们也成功为自己的同胞创造出非常愉悦的生活,当然奴隶除外。中世纪走向了另一个极端,人类在云端给自己建造了一个乐园,而人世对于任何人来说,无论身份高低,财富多少,智慧如何,都是苦海。历史的钟摆应该指向另一个方向了,这就是下一章我要讲述的内容。

文艺复兴

人们再次敢于因为活着而感到幸福。他们竭力拯救更为古老、更为愉悦的罗马和希腊文明，他们为自己的成就而自豪，称之为文艺复兴或是文明的重生。

文艺复兴不是政治运动，也不是宗教运动。它是一种心灵状态。

文艺复兴时代的人依旧是教会母亲温顺的儿子，他们是皇帝、国王和公爵的臣民却并不抱怨。

但是他们的人生观发生了改变。他们开始穿不一样的衣服，开始说不一样的语言，开始在不同的建筑里过不一样的生活。

过去他们心心念念的都是天堂里的幸福生活，现在他们不再这样了。他们开始在人世间建造自己的乐园，事实就是他们取得了很不错的结果。

我提醒过你要警惕历史日期的危害，人们过于从字面上解读这些东西了。大家觉得中世纪就是黑暗愚昧的阶段，接着，时钟"嘀嗒"一声响动，文艺复兴开始了，城市和宫殿都沐浴在和煦的阳光中，人们的思维苏醒了，好奇心勃发。

事实上，历史并没有如此分明的界限。13世纪无疑是属于中世纪的，所有的历史学家都同意这一点。可是，13世纪就完全是黑暗和停滞不前的岁月吗？绝对不是的。人们还是活得生龙活虎的。13世纪见证了伟大国度的创建，目睹了大贸易中心的发展，还看到了哥特式教堂尖尖的塔顶高耸于城堡塔楼和市政厅的高屋顶之上，整个世界都在运转之中。市政厅里高高在上的绅士们刚刚意识到了自己的力量（通过他们最近积累的财富），正在同封建主子抗争，想要得到更多的权力。行会的成员也才意识到一个重要的事实，那就是"多数有利"这一原则，他们抗争的对象是市政厅里高高在上的绅士们。国王带着老谋深算的顾问趁机浑水摸鱼，逮住了很多金光闪闪的大鱼。他们架起火，烤了鱼，大吃大嚼。在他们面前的市政议员和行会成员看到这一幕惊得目瞪口呆，流露出失望沮丧的神情。

长夜漫漫，昏暗的街道无法继续进行政治和经济分歧的讨论，这时吟游诗人和抒情诗人就登场了，各种浪漫、冒险、赞扬英雄气概和忠诚的故事和歌曲由他们表演出来，美丽的女人们得到了消遣。与此同时，这样慢节奏的进步让年轻人颇不耐烦，他们蜂拥进入大学，由此引出另一番故事。

　　中世纪是"国际思维"的岁月。这听起来难以理解，请听我解释。我们现代人是"国际思维"。我们中有美国人、英国人、法国人、意大利人等等，我们讲英语、法语、意大利语，我们上美国大学、英国大学、法国大学或是意大利大学。如果我们要学的专业只有别的国家才有，那么我们就学另一门语言，前往慕尼黑、马德里或是莫斯科。但是在13世纪或是14世纪，人们很少自称为英国人、法国人或是意大利人。他们说："我是谢菲尔德公民、波尔多公民，或是热那亚公民。"他们都属于同一教会，因而有一种兄弟般的情谊。当时所有受过教育的人都讲拉丁语，因此他们拥有国际语言的便利，完全没有现代欧洲这种愚蠢的语言障碍，这种障碍让那些小国家身处极其不利的地位。以宣传包容和笑声的伊拉斯谟为例，他的著作撰写于16世纪。他出生于荷兰一个小村庄，用拉丁语写作，全世界的人都是他的读者。如果他活在今天，他就会只用荷兰语写作，那么就只有五六百万人能阅读他的书。如果要让欧洲其他地方和美国的人读他的书，出版商就不得不将他的书翻译成20种不同的语言。这笔开销就非常昂贵了，出版商很有可能不愿意麻烦，或是不愿意冒这个险。

　　而在600年前，就不会有现在的问题。当时绝大多数人依然十分愚昧，根本不会读写。但那些掌握了用鹅毛笔书写这门高超技艺的人，属于文字国际共和国，他们遍布整个欧洲，对于他们而言，没有文字或是国际的边界和限制，大学就是这一共和国的堡垒。和现代的防御工事不一样，当时的大学并没有围墙，只要有老师和学生的地方就是大学。这又是中世纪和文艺复兴时期不同于我们现代社会的地方。现在要建立一个新大学，过程几乎一成不变：首先，或是某个富人想要为自己居住的社区做点事情，或是某个教派想要自己虔诚的孩子们得到体面的监督，或是国家需要医生、律师和教师。要建大学，先要有一笔钱存在银行，接着这笔钱就用于建造教学楼、实验室和宿舍。接着就聘请专业教师，举行入学考试，大学就这样开办起来了。

　　但在中世纪，情况就完全两样了。有个智者对自己说："我发现了一个伟大的真理。我必须把我自己掌握的知识传给其他人。"接着，他就像现代的街头演说家，无论什么时候，无论在哪里，只要有人听他讲，他就宣传自己的观点。如果他讲得很有趣，人群就会站在那里一直听他讲。如果他讲得索然无趣，人们就会耸耸肩，然后继续走自己的路。

　　某个老师很不错，慢慢地有些年轻人定期前来听他讲课。前来听课的人带上本子、墨水瓶和鹅毛笔，把自己认为重要的东西记下来。有一天，下雨了，老师和学生就躲进了一间空置的地下室，或是到了"教授"的家里。这位博学之人坐在自己的椅子上，而其他的男孩子就坐在地板上，这就是大学的开端。在中世纪，"universitas（大学）"这个词的意思就是教授和学生组成的团体，其中"老师"就是一切，而老师授课的建筑什么都算不上。

　　为了举例说明，我就讲一讲公元9世纪的一些事情。在那不勒斯①附近的萨勒诺有几个非常优秀的医生，吸引了很多想要学医的人们。差不多1000年的时间里（一直持续到了1817年），这里的萨勒诺大学都在讲授希波克拉底的智慧。希波克拉底是古希腊的名医，于公元前5世纪在希腊行医。

　　后来从布列塔尼②来了一位年轻的神父，名叫阿伯拉

━━━━━━━━━━━━━━━━━━━━━
① 意大利西南部港口。
② 法国西北部一地区。

尔①，12 世纪早期开始在巴黎教授神学和逻辑学。数千位求
知若渴的年轻人涌到巴黎听他讲课。不同意他观点的神父
也站了出来，解释自己的观点。很快，巴黎就挤满了吵吵嚷
嚷的英格兰人、日耳曼人、意大利人，还有从瑞典、匈牙利来
的学生；坐落在塞纳河一个小岛上的古老教堂变成了著名的
巴黎大学。在意大利的博洛尼亚，一位名叫格兰西②的修道
士编撰了一本教会法学的书。年轻的神父，还有全欧洲很多
的教徒都来倾听格兰西的讲解。为了让这些学生免受城市
里旅店老板和公寓女房东的剥削，他们组织了一个团体（也
就是大学），这就是博洛尼亚大学的开始。

接下来，我要讲一讲在巴黎大学发生的一次争执。我们
并不知道什么原因引起了这场争执，事实就是数位不满的教
师带着他们的学生跨过了英吉利海峡，在泰晤士河旁一个叫
作牛津的小村庄里找到了一个友好的居处。公元 1222 年，
博洛尼亚大学也发生了分裂。一群不满的老师（也是带着自
己的学生）搬到了帕多瓦，从此这一城市有了自己引以为傲

①　皮埃尔·阿伯拉尔（Pierre Abelard, 1079 年—1142 年），又译为彼得·阿伯拉尔。法
国哲学家，神学家，人称"高卢的苏格拉底"。哲学上采取概念论，既反对极端的实
在论，又反对极端的唯名论，认为"共相"是存在于人心之中表示事物共性的概念。
②　格兰西（Gratian），12 世纪教会法学家。

的大学。就这样，大学在欧洲大地上拔地而起，从西班牙的巴利亚多利德到远方波兰的克拉科夫，从法国普瓦捷到德意志的罗斯托克，到处都有大学的存在。

今天我们已经习惯了各种对数和几何定理，这些早期教授讲课的内容在我们看来，很多都是荒诞的。但我想说的是，中世纪，特别是13世纪并不是世界停滞不前的时期。年轻的一代人有活力、有热情，他们虽然有些腼腆，可内心躁动不安地想要提问，在这种躁动中，文艺复兴应运而生。

就在中世纪快要落下帷幕之际，一个孤独的身影在舞台上走过，他是你应该有所了解的人。他的名字叫但丁，是佛罗伦萨律师的儿子，属于阿利吉耶里家族。但丁出生于1265年，成长于祖辈生活的城市佛罗伦萨。在他成长的年代，乔托①正在圣十字教堂的墙壁上绘制阿西西②的圣弗朗西斯的生平事迹。等到但丁求学的时候，他经常惊恐地看到一滩滩的血迹，这些血迹见证了跟随教皇的归尔甫派和跟随皇帝的吉伯林派成员之间无休止的残酷争斗。

但丁成人后，参加了归尔甫派，他的父亲就是归尔甫派

---

① 乔托（Giotto，1266年—1337年），意大利文艺复兴时期杰出的雕刻家、画家和建筑师，被认定是意大利文艺复兴的开创者和先驱者，被誉为"欧洲绘画之父"。
② 意大利城镇。

人士,这和美国男孩没什么两样,如果这位父亲凑巧是民主党人,那儿子也是民主党人,如果凑巧是共和党人,那儿子也是。但是过了几年,但丁看到意大利上千个小城市之间互相妒忌争斗,如果群龙无首,意大利将在一片混乱中消亡,于是他加入了吉伯林派。

他的目光越过阿尔卑斯山,想在北方找到援助。但丁希望能有一位强大的皇帝来到意大利,重建团结和秩序。天啊!他的希望落空了。1302 年,佛罗伦萨将吉伯林派人士驱逐出境。从那一天开始,但丁一直都是无家可归的漂泊者,最后他于 1321 年死在拉文纳的废墟中。漂泊期间,他一直靠富有的赞助人养活,正是因为赞助过这位痛苦的诗人,他们的名字才没有埋葬在历史的尘埃中。经历了多年的流放生活,但丁觉得有必要为当年自己的行为辩护一下。那时他是家乡的政治领袖,为了看一眼情人比阿特丽斯·波尔蒂纳里,他经常在亚诺河①的岸边散步。但那个可爱的女子成了别人的妻子,而且早在但丁流放之前就去世了。

他的雄心壮志没能实现。他满怀赤诚地效力于自己的家乡,可是在腐败的法官面前,他被指控盗取公共基金,如果

━━━━━━━━━━━━━━━━━━━━━━━━━

① 意大利中部河流。

他胆敢踏入佛罗伦萨半步，就要被活活烧死。他是清白的，他要让自己和同时代的人看到这一点，于是但丁创造了一个想象中的世界，他细致地讲述了导致他失败的各种情况，他描写无可救药的贪婪、欲望和仇恨，这些东西将他深爱的意大利变成了战场，邪恶自私的暴君雇佣无情的兵勇在那片美丽的土地上杀戮。

他告诉我们，1300年复活节前的星期四，他在密林中迷路了，发现道路前方出现了一头豹子、一头狮子，还有一匹狼。他觉得自己死定了，突然一个白色的身影出现在树林中，这就是古罗马诗人和哲学家维吉尔。圣母玛利亚和比阿特丽斯派他来救自己。比阿特丽斯在天堂上守护着自己的真心爱人。接着，维吉尔带着但丁穿过了炼狱，又穿过了地狱，最后他们来到了地狱的最底层，看到撒旦冻在永恒的冰柱之上，周围都是罪恶最深重的罪人：叛徒、撒谎的人，还有那些通过谎言和欺骗获得名誉和成功的人。在维吉尔和但丁到达这一可怕的地方之前，但丁还遇到了那些在佛罗伦萨历史上扮演过某种角色的人物，有皇帝，有教皇，有雄赳赳的骑士，也有哀鸣的放高利贷者。他们或是注定要遭受永久的惩罚，或是在等待能够离开炼狱前往天堂的赦免日。

这是个有趣的故事，书中包含了13世纪人们的所作所为、所思所想，还包含了他们的恐惧和夙愿。而贯穿这一切的是那位佛罗伦萨流放者孤独的身影，他永远背负着自身绝望的阴影。

注意了！在这位忧伤的诗人与世长辞之时，一个新生儿正呱呱坠地，他将成为文艺复兴的第一人，他就是弗朗西斯克·彼特拉克①，他的父亲是小镇阿雷佐的公证人。

弗朗西斯克的父亲和但丁同属一个政治党派，他也被流放了，因此弗朗西斯克出生在佛罗伦萨之外的地方。15岁那年，家人把他送到法国的蒙特利埃，想让他同父亲一样，成为律师。可是这个男孩不想成为律师，他讨厌法律。他想成为学者和诗人，正因为他想成为学者和诗人的愿望是如此强烈，他成功了，意志坚定的人往往都能如愿。他长途跋涉，到各处誊抄手稿，他去过佛兰德斯，去过莱茵河沿岸的修道院，去过巴黎，去过列日，最后他去了罗马。然后他就住在了沃克吕兹②荒山中的一处僻静山谷中，潜心研究和写作。很快他就因诗歌和学问声名远扬，巴黎大学和那不勒斯的国王都

---

① 弗朗西斯克·彼特拉克(Francesco Petrarca，1304年—1374年)是意大利学者，诗人，早期的人文主义者。
② 沃克吕兹省(Vaucluse)是法国普罗旺斯—阿尔卑斯—蓝色海岸大区所辖的省份，位于法国的东南部。

要邀请他前去教导学生和臣子。在前往新工作的途中，他必须要经过意大利。他编辑了几乎为人所忘记的罗马作者的作品，意大利人也听闻他的大名，他们想要颁给他荣誉，在罗马城古老的广场上，彼特拉克戴上了诗人的桂冠。

从那一刻开始，他的人生中就充满了无尽的荣誉和掌声。他写出了人们最想听到的东西。人们已经厌倦了神学辩论。可怜的但丁要在地狱里游荡，他尽管游荡好了。彼特拉克写的是爱情、自然和太阳，他从来不提那些阴暗的东西，那些似乎已经成为过去一代人的存货。彼特拉克每到一个城市，人们都会倾巢出动，一睹他的风采。他就像一位凯旋的英雄一般受到人们的欢呼。如果他还带上了年轻的朋友薄伽丘①，那就更好了。他们二人都是那个时代的人物，充满了好奇心，任何书都要一睹为快，喜欢在没人的发霉图书馆里翻翻拣拣，想要发现维吉尔、奥维德、路克里斯或是其他古代拉丁语诗人的手抄稿。这两人都是虔诚的基督徒，他们当然是了！每个人都是。人总有一死，并没有必要因为这一点就耷拉着脸，穿着脏衣服到处乱走。生活是美好的，人活着

---

① 乔万尼·薄伽丘（Giovanni Boccaccio，1313 年—1375 年），意大利文艺复兴运动的杰出代表，人文主义杰出作家。与诗人但丁、彼特拉克并称为佛罗伦萨文学的"三杰"。其代表作《十日谈》是欧洲文学史上第一部现实主义作品。

就应该感到幸福。你想要证据？好呀，拿起一把铁锹挖土吧。你发现了什么？美丽的古代雕像、美丽的古代花瓶和古代建筑的遗址。这些东西都是曾经的伟大帝国的人们创造的。他们统治了这个世界 1000 年。他们是强壮而富有的，而且还很英俊(看一看皇帝屋大维的半身像吧！)。当然了，他们不是基督徒，他们进不了天堂。他们至多在炼狱里待着，不久前，但丁还去看过他们呢。

可是这又有什么大不了的呢？对于凡人来说，能够活在古罗马那样的世界里就已经是天堂了。不管怎样，我们只能活一次。让我们为了活着而喜悦幸福吧。

简言之，这种精神开始弥漫在众多意大利小城市蜿蜒狭窄的街道上。

你知道"自行车热"或是"汽车热"的意思。几十万年来，要到另一个地方，人们都是痛苦地徐徐图之，突然有人发明了自行车，一想到可以轻松迅捷地翻山越岭，人们当然是高兴得"发疯"。接着，聪明的机械师制造出了第一台汽车，再也没有必要不停地蹬脚踏板了，你只需要坐在那里，一滴滴的汽油就把工作给你完成了。这一来，每个人都想要一辆汽车。人人都在谈论劳斯莱斯、廉价福特、汽化器、英里数和汽油。探险家深入未知的国家，只为发现更多的石油。苏门答腊岛和刚果开发出大片大片的橡胶园，给我们提供橡胶。橡胶和石油成了珍贵资源，人们开始为了占有它们而兵刃相见。整个世界都"为汽车狂"，小孩子还不会叫爸爸妈妈，就学会说"车车"。

在 14 世纪，意大利重新发现了古罗马世界湮没已久的美，意大利人为之而疯狂。很快，整个西欧都染上了意大利人的狂热。新发现了一部手抄稿，可以成为欢庆的理由。如果有人写了一则语法，他受欢迎的程度就相当于现在某人发明了新型火花塞。人文学者，也就是那些致力于研究"人"或是"人性"的人（没有把时间荒废在无果的神学研究上）深受人们的尊敬爱戴，其程度超过刚刚征服了野蛮人群岛回来的英雄。

在这片知识复兴的热潮中，发生了一件事情，这件事极大地促进了人们对古代哲学家和作家的研究。突厥人又开始进攻欧洲了。君士坦丁堡——原罗马帝国最后留下的古都陷入了重围之中。公元 1393 年，皇帝曼努埃尔·帕里奥洛格斯[①]派出伊曼纽尔·索罗拉斯前往西欧，讲明拜占庭所

① 曼努埃尔·帕里奥洛格斯（Manuel Paleologue，1350 年—1425 年）拜占庭帝国皇帝，1391 年—1425 年在位。

处的绝境,请求援助。他们得不到援助。罗马天主教视希腊正教教徒为邪恶的异教徒,巴不得看到他们受到惩罚。虽然西欧对拜占庭人的命运漠不关心,但他们对古希腊人大有兴趣,特洛伊战争过了 10 个世纪后,古希腊的殖民地居民在博斯普鲁斯海峡①创建了君士坦丁堡。他们想要学习希腊文,这样就能阅读亚里士多德、荷马和柏拉图的作品了。他们非常想学希腊文,可是他们没有书,不懂语法,没有老师。佛罗伦萨的行政官听说索罗拉斯来了,而他们城里的人"疯了一样地想学希腊文"。索罗拉斯愿不愿意来教他们希腊文呢?索罗拉斯愿意。注意了! 这位希腊文的教授给数百位年轻好学的学生讲授希腊字母,这些学生一路乞讨来到了这座亚诺河旁的城市,他们居住在窝棚里或是肮脏的阁楼里,就是为了能够学会希腊文,能够与索福克勒斯和荷马为伴。

与此同时,在大学里,老派的经院学者还在讲授他们古老的神学和老旧不堪的逻辑学;他们解释的是《旧约》当中隐藏的谜团,讨论的是从希腊文到阿拉伯文,再从阿拉伯文到西班牙拉丁文版本中亚里士多德的古怪科学。看到眼前的

---

① 博斯普鲁斯海峡又称伊斯坦布尔海峡,是沟通黑海和马尔马拉海的一条狭窄水道,与达达尼尔海峡和马尔马拉海一起组成土耳其海峡(又叫黑海海峡),并将土耳其亚洲部分和欧洲部分隔开。

一切,他们灰心丧气,恐惧万分。接着,他们愤怒了:太离谱了,年轻人竟然离开大学的讲堂,跑去听某个疯狂的"人文学者"讲述"重生文明"的新型学说。

他们找到了当局,发表了一番抱怨。正如你不能强迫不想喝水的马儿饮水,你也不能强迫人们去听他们完全不感兴趣的东西。经院学者们很快就失去了阵地。他们也会有短暂的胜利。有些狂热分子憎恶别人享受自己感受不到的幸福,这些人就和经院学者联合起来行动。佛罗伦萨是伟大复兴的中心之地,在这里新旧秩序之间展开了一场恶战。中世纪阵营的领导者是一位多明我会①修道士,面目阴沉,憎恶美好事物。他作战顽强,每天都在圣母之花大教堂宽敞的礼堂里咆哮着警告众人上帝的愤怒。"忏悔吧,"他叫道,"你们忘记了上帝,忏悔吧;你们从不圣洁的东西中感受到了快乐,忏悔吧!"他的耳朵里开始出现声音,燃烧的宝剑在他眼前划过天空。他教导小孩子不要重蹈覆辙,不要跟随他们的父辈走向毁灭。他宣称自己是伟大上帝的先知,组织了献身于上帝的童子军。一时间,人们迷乱了,恐惧了,因为自己邪恶地爱上了美和愉悦,他们承诺要为此而忏悔。人们带着书、

① 多明我会,又译为道明会,亦称布道兄弟会。天主教托钵修会的主要派别之一。

雕像和画作来到市场,疯狂地庆祝"虚荣的狂欢节"。他们唱起了圣歌,更多的是跳起了不圣洁的舞蹈,而多明我会的修道士萨沃那罗拉则拿起火炬,一把火烧掉了这些珍藏品。

等到火焰熄灭,人们才意识到自己失去了什么。这个可怕的狂热分子摧毁了他们最珍爱的东西。他们转而开始对抗萨沃那罗拉。他被扔进了监狱,受到了酷刑折磨,可是他对自己的所作所为不后悔。他是个诚实的人,一心想要过圣洁的生活。他就是想要摧毁那些存心与他观点相左的人。只要看到有邪恶就要去根除,他视之为己任。他是教会虔诚的儿子,在他眼里,爱上了异教徒的书,爱上了异教徒的美丽,那就是邪恶。他在为一个死去的过去的时代而战,可是他孤立无援。罗马的教皇可以救他,可是教皇连手指都不愿动一动。相反,他赞同"忠诚的佛罗伦萨人"的行为,佛罗伦萨人把萨沃那罗拉拖到了绞刑架上,他被吊死了,快乐的人群又叫又闹地焚烧了他的尸体。

虽然很悲惨,但这是必然的结局。如果放在11世纪,萨沃那罗拉就会是个伟人。可是到了15世纪,他领导的就是败局已定的事业。好也罢,坏也罢,连教皇都成为了人文主义者,梵蒂冈成了罗马和希腊古物最重要的博物馆,这时中世纪就结束了。

大发现

　　人们摆脱了中世纪的禁锢,四处游荡,需要更广阔的空间。欧洲已经装不下人们的雄心壮志,扬帆起航的时候到了,地理大发现的时代终于来临了。

　　十字军东征是旅行这门博雅教育的实训课。但几乎所有的人都是在从威尼斯到雅法①熟悉的线路上穿梭,极少有人敢冒险走别的路。13 世纪,威尼斯的商人,波罗兄弟穿过了浩瀚的蒙古沙漠,翻越了高山,来到了中国大皇帝的皇宫。其中一位波罗兄弟的儿子马可·波罗根据他们 20 多

---

① 以色列第二大城市特拉维夫的全称其实是特拉维夫—雅法,它是两个相邻的城市合并而成的,是一个具有 4000 多年历史的港口城市,是世界上最古老的城市之一。

年的冒险经历写了一本游记。马可·波罗描写了奇怪的日本国，上面有金子做的塔楼。读到这里欧洲人瞠目结舌，惊讶不已。很多人都想去东方，找到这片黄金之地，一夜暴富。但是东行的旅程太远了，也太危险了，所以他们还是待在了家里。

当然了，走海路也是一种可能的路线。但中世纪的人不想走海路，他们有很多非常充分的理由。首先，当时的船只非常小。麦哲伦花了很多年的时间环球旅行，他率领的船只大小还不如现代的渡船。船上只可以搭载 20 到 50 人，居住的环境狭小肮脏（空间非常低，所有的人都弯腰驼背地行走），水手们的伙食也非常糟糕，船上厨房的装备很差，风浪稍微大一点，就不能点火做饭。中世纪的人知道如何制作腌鲱鱼和干鱼，但他们没有罐装食品，一旦离开了海岸线，就别想再看到新鲜蔬菜。他们用小桶装水，水很快就变质了，喝起来有一种烂木头加铁锈的味道，里面还长满了黏糊糊的东西。中世纪的人们对微生物一无所知（13 世纪一位很有学问的修道士罗杰·培根似乎想到了微生物的存在，但他理智地闭口不言，没有向外人声张他的发现），所以他们经常喝下不干净的水，有时全体船员都死于伤寒症。早期船员的死亡率高得惊人。1519 年，200 名船员从塞维利亚出发，跟随麦哲伦环球航行，回来的时候，只剩下 18 人。到了 17 世纪，西欧和西印度群岛之间贸易往来频繁，往返于阿姆斯特丹和巴达维亚①之间的一趟航行中，40%的死亡率仍属于正常范围。其中绝大部分人都死于坏血病，起因是没有吃到新鲜蔬菜，病人牙龈出血，血液中毒素增加，最后因体能消耗殆尽而死。

　　这样的航海条件，你当然就会明白为什么优秀的欧洲人不愿意航海了。著名的探险家麦哲伦、哥伦布和达·伽马率领的船员几乎全都是刑满释放人员、未来的杀人犯和找不到活干的小偷。

　　我们现在生活在一个舒适的世界里，根本无法真正理解当时的航海家们所面临的困难，他们拿出了勇气和胆量完成了不可能完成的任务，他们当然值得我们尊敬。他们的船会漏水，他们的绳索装备很难驾驭。13 世纪中叶之后，他们好歹有了罗盘（这是中国的东西，经过阿拉伯半岛，由十字军带到了欧洲），但是他们手里的地图糟糕透了，根本就不准确。他们连蒙带猜，听天由命地在海上航行。如果走运的话，一年、两年或是三年就回来了。如果不走运，那白骨都只得扔

---

① 印尼首都雅加达的旧名。

在荒岛上了。但这批人是真正的先驱者,他们拿着性命做赌注,活着就要去冒险。等到看到了自古以来从未见过的新海岸线或是平静的海洋,在那一刻,所有的折磨,所有的饥渴和痛苦都忘记了。

我真希望这本书能够写上 1000 页,早期地理发现这一话题实在是太有趣了。可是,为了让你能够真实地感受到过去的时光,讲述历史就像伦勃朗绘制过的蚀刻版画一样,需要用明亮的光线突出最好的、最重要的事件,其余的就应该用阴影表示,或是只用几根简单的线条来表示。在这一章节中,我只会简单讲述几个最重大的地理发现。

首先要记住的是:在 14 和 15 世纪,所有的航海家们只想做一件事情,那就是找到一条安全舒适的路线前往中国,前往日本,前往那些神秘的岛屿,那里有中世纪的欧洲从十字军东征开始就喜欢上了的香料。当时还没有冷藏这种存储技术,肉和鱼很快就会腐败,只有撒上重重的胡椒或是肉豆蔻,这样的肉食才能下咽。

威尼斯人和热那亚人是地中海地区的伟大航海家,但是探索大西洋海岸的荣誉却属于葡萄牙人。西班牙人和葡萄牙人都充满了爱国热情,他们在与摩尔侵略者的长期斗争中发展出了这种爱国热情。一旦有了这种热情,很容易就用于新的途径。公元13世纪,国王阿方索三世①征服了位于西班牙半岛西南角落的阿尔加维②王国,把它纳入了葡萄牙的版图。到了14世纪,葡萄牙在同穆斯林的战争中反败为胜,他们穿过了直布罗陀海峡,占领了休达③,接着又占领了丹吉尔④,并且将它作为了阿尔维加在非洲部分的首府。

他们做好准备,就开启了探险家之旅。

亨利王子,也就是航海家亨利,是葡萄牙约翰一世和菲莉帕的儿子,而菲莉帕的父亲是冈特的约翰⑤(威廉·莎士比亚的《理查德二世》中有提到他)。1415年,亨利王子开始准备有系统地探索非洲西北部。在这之前,腓尼基人和北欧人去过那片炽热的海岸线,他们回忆说那里有浑身长满毛的"野人",后来,我们知道了这些所谓的野人其实是大猩猩。亨利王子和他的船长们有了一个又一个的发现,他们先是发现了加那利群岛;接着又重新发现了马德拉群岛,热那亚人的一艘船曾在一个世纪前到了该群岛;还仔细地测量了亚速

---

① 阿方索三世(King Alphonso III,1210年—1279年),葡萄牙国王(1248年—1279年在位)。
② 现为葡萄牙最南的一个大区。
③ 摩洛哥的一座城市。
④ 摩洛哥北部古城。
⑤ 冈特的约翰(1340年—1399年),兰开斯特公爵、英格兰爱德华三世四子,英国军人、政治家。

尔群岛,之前葡萄牙人和西班牙人就隐约知道它的存在;他们还瞥见了非洲西海岸的塞内加尔河的河口,把它当作了尼罗河在西边的出口。最后,到了15世纪中叶,他们看到了佛得角,还看到了佛得角群岛,几乎已经到了非洲海岸线和巴西的中间地带。

但亨利并不局限于探索海域,他同时也是基督骑士团的团长。这是十字军圣殿骑士团[1]在葡萄牙的延续。教皇克雷芒五世于1312年应法国国王菲利普的请求废除了圣殿骑士团,而法国国王本人则抓住这一时机将本国的圣殿骑士全部烧死,夺取了他们的财产。亨利王子用他管辖的宗教领地的收入装备了几支探险队,这些探险队进入了几内亚海岸线和撒哈拉沙漠的腹地。

但亨利王子依然保持着中世纪的思维,他花了很多时间和金钱寻找神秘的"普雷瑟·约翰",一位传说中统治了东方某个大帝国的皇帝。12世纪中叶,这位神秘统治者的故事开始在欧洲出现。300年的时间里,人们一直试图找到"普雷瑟·约翰"和他的后人,亨利也参与进来了。亨利死了30

---

[1] 圣殿骑士团,全名为基督和所罗门圣殿的贫苦骑士团,是中世纪天主教的军事组织,乃著名的三大骑士团之一。其成员称为"圣殿骑士",特征是白色长袍绘上红色十字,是十字军中最具战斗力的一群人。

年后,这个谜团终于解开了。

1486 年,巴塞洛缪·迪亚兹想在海边找到普雷瑟·约翰的王国,他到达了非洲的最南端。最开始他称这个地方为风暴角,原因就是行船至此时狂风大作,他不能再继续向东航行,但里斯本的领航员们懂得这一发现的重要性,他们正在探索前往印度海域的航线,于是将这个名字改为好望角。

一年后,佩德罗·德·科维汉姆揣着美第奇家族给他的信用证,从陆地出发,也开始寻找普雷瑟·约翰的王国。他穿过了地中海地区,离开埃及之后,他朝南行进。他到达了亚丁,再走水路,穿过波斯湾,18 个世纪之前亚历山大大帝到过这里,在那之后,就几乎没有白人来过。他到了印度海岸的果阿邦和卡利卡特,得到了很多关于月亮之岛(马达加斯加岛)的消息,他觉得这个岛屿就应该在非洲和印度的中途。之后,他就往回走了,悄悄去了麦加和麦地那①,再次穿过红海,到了 1490 年,他找到了普雷斯特·约翰的王国,其实他就是阿比西尼亚的黑人国王,其祖辈早在公元 4 世纪就皈依了基督教,比基督教传教士到达斯堪的纳维亚的时间还早 700 年。

━━━━━━━━━━━━━━━━━━━━━━━━━━

① 沙特阿拉伯西北部城市。

这么多的航行之后,葡萄牙的地理学家和制图师认定向东前进,走海路到西印度群岛是可能的,但绝不容易,于是大家意见发生了分歧,讨论激烈。有人想继续探索好望角以东的地方。而有人则说:"不,我们必须向西航行,穿过大西洋,就能到达中国了。"

说到这里,我们得知道当时大多数聪明人都坚信地球并不是像煎饼一样扁平,而是圆的。公元2世纪的埃及地理学家托勒密①创立并描述的宇宙体系非常适合中世纪的简单需求,可是文艺复兴时期的科学家早就摈弃了他的观点。他们接受了波兰数学家尼古拉·哥白尼的学说,哥白尼在仔细研究之后,认定地球是个围绕太阳的圆形球体,在36年里,由于害怕宗教裁判所,他都不敢发表自己的发现,直到1548年,他去世那年,这一发现才得以印刷出版。宗教裁判所是教皇设立的宗教法庭,成立于13世纪,当时法国和意大利的阿比尔教派和韦尔多教派一时间威胁到了罗马主教的绝对权威。其实这些所谓的异端邪说非常温和,教派里都是些虔诚笃信的人,认为不应该拥有私人财产,反倒愿意过基督一样的贫

---

① 克罗狄斯·托勒密(约90年—168年),相传他生于埃及的一个希腊化城市赫勒热斯蒂克。古希腊天文学家、地理学家、占星学家和光学家。

苦生活。我已经说过了，航海专家们普遍都相信地球是圆的，他们争论的是西边和东边路线孰优孰劣的问题。

　　支持西边路线的人中有热那亚航海家克里斯托弗·哥伦布。他是羊毛商人的儿子，似乎在帕维亚①大学当过学生，专攻数学和几何学。接着他子承父业，很快就到了地中海东部的希俄斯岛做生意。后来又听说他到了英格兰，但他往北是作为商人找羊毛，还是作为船长在航行，我们就不得而知了。到了 1477 年 2 月，据哥伦布自己说，他到了冰岛，但他很可能只到了法罗群岛，2 月法罗群岛已经非常寒冷了，任何人都有可能将其误认为是冰岛。在法罗群岛，哥伦布遇到了勇敢的北欧人后裔，公元 10 世纪，北欧人在格陵兰定居下来，11世纪列夫的船被吹到了拉布拉多②的海岸，到了美洲大陆。

　　这些远西的殖民地究竟怎样了，无人知晓。列夫的兄弟索尔坦斯去世后，他的遗孀嫁给了托尔芬·卡尔瑟夫恩，这个人于 1003 年在美国建立了以自己名字命名的殖民地，三年之后，因为爱斯基摩人的敌意，这个殖民地就没有维持下去。至于在格陵兰安顿下来的人，自从 1440 年之后就再也

———————————————————————

① 意大利西北部。
② 位于加拿大东部。

没有听到他们的消息。格陵兰人很有可能都死于黑死病，不久前黑死病才夺走了挪威一半的人口。无论是怎么一回事，法罗群岛和冰岛的人都知道"遥远的西方有一大片土地"，哥伦布肯定听说了。他从北部苏格兰岛屿的渔民那里收集了更多的消息，然后就去了葡萄牙，他在葡萄牙迎娶了一位船长的女儿，这位船长效力的主子正是航海家亨利王子。

从那一刻开始（1478年），他全身心地投入到寻找前往西印度群岛的西航线中。他制定了该航行的计划，呈递给了葡萄牙和西班牙王室。葡萄牙人觉得自己已经垄断了东航线，对他的计划置之不理。在西班牙，亚拉贡①的斐迪南和卡斯提尔②的伊莎贝拉于1469年结为夫妻，西班牙成了统一的王国，正忙于要把摩尔人从他们最后一个堡垒，也就是格拉纳达中赶走。他们没有闲钱进行高风险的探险活动，所有的钱都要花在士兵身上。

几乎没有人会像这位勇敢无畏的意大利人那样为自己的想法奋斗到底了，可哥伦布不怕从头再来。1492年1月2日，摩尔人交出了格拉纳达，同年4月，哥伦布同西班牙的国

① 位于西班牙与法国交界处。
② 西班牙古国。

王王后签订了协约。8月3日,星期五,他带着3只船,88位船员从帕洛斯①出发了,船员中很多都是囚犯,他们是为了免受刑责才加入了探险队。10月12日,凌晨2点,哥伦布发现了陆地。1493年1月4日,挥手告别了拉·纳威戴德小要塞的44人后(之后,谁也没有在这些人的有生之年见到过他们),哥伦布就扬帆归航了。2月中旬,他到达了亚速尔群岛,那里的葡萄牙人威胁说要把他扔进监狱。到了1493年3月15日,这位船长回到了帕洛斯(他坚信自己发现了西印度群岛边上的岛屿,称当地的土著为红色印第安人),随后他急匆匆地带上他的印第安人赶往巴塞罗那,赶紧给自己虔诚的主子送喜报:他成功了,他找到了前往中国和日本这片金银之地的道路,之后这条路就掌握在最宽宏大量的陛下手里了!

我的天,哥伦布一直都不知道真相。直到他生命的终点,就在他第四次出发到达南美大陆,亲手触摸到这片土地时,他也许觉得有点不对劲,但是他去世时仍然坚信欧洲和亚洲之间没有大陆存在,坚信自己找到了直通中国的航线。

与此同时,葡萄牙人坚持走东航线,他们更加幸运。1498年,伽马到达了马拉巴尔海岸,并且载着一船的香料安全回

---

① 西班牙西南部港口。

到了里斯本。1502 年,他故地重游,再次来到了马拉巴尔海岸。可是西航线那边的探险工作成果甚微,令人沮丧。从 1497 年到 1498 年,约翰·卡波特和塞巴斯蒂安·卡波特①想要找到前往日本的通道,但他们只看到了纽芬兰白雪皑皑的海岸线和嶙峋乱石。早在 5 个世纪前,北欧人就率先看到了这片土地。佛罗伦萨人亚美利哥·韦斯普奇②成了西班牙的首席领航员,事实上美洲大陆就是以他的名字命名③的,他勘探了巴西的海岸线,没有发现西印度群岛的影子。

到了 1513 年,哥伦布已经去世 7 年了,欧洲的地理学家开始明白是怎么回事了。瓦斯科·努涅斯·德·巴尔博亚穿过了巴拿马峡谷,爬上了达连湾最著名的高峰,看到了似乎是另一片大海的无边水域。

最后到了 1519 年,在葡萄牙航海家斐迪南·德·麦哲伦的指挥下,5 艘小型西班牙船只组成的船队向西航行(他们没有向东航行,葡萄牙人已经完全控制了东航线,不允许任何人前来竞争),寻找产香料群岛。麦哲伦穿过非洲和巴西之间的大西洋,继续朝南航行。他到达了巴塔哥尼亚(意

———————————————————

① 两位皆为意大利航海家、美洲大陆发现者。
② 意大利探险家。
③ 亚美利哥的英文为 Amerigo,美洲大陆的英文为 America。

思是"大脚人的土地")最南端的一处狭窄的海峡和火岛(之所以叫作火岛,是因为水手们一天晚上看到了火,说明有土著人存在)。麦哲伦的船队在海峡遇到坏天气,在差不多5个星期的时间里,船队只能凭雷雨和暴风雪摆布。船员暴动了,麦哲伦极其严厉地镇压了暴动的行为,扔了两个船员到岸上,让他们在闲暇之余可以忏悔自己的罪恶。暴风雨终于平息下来了,海峡的视野也开阔了,麦哲伦带领船队进入了新的海域。这里风平浪静,他称之为平静之海,也就是太平洋。他继续向西,在海上航行了98天,没有看到半点陆地的痕迹。船上的食物和饮水都耗尽了,船员们忍饥挨饿,连船上泛滥的老鼠都抓来吃光了,没有了老鼠,他们就啃一点帆布,肚子里好歹得有点东西。

到了1521年3月,他们看见陆地了,麦哲伦称之为"强盗之地",因为当地人见到什么偷什么。接着,他们继续西行,向香料群岛进发!

他们再次看到了陆地,这是由一群孤岛组成的群岛,麦哲伦称之为菲律宾,以他主子查尔斯五世的儿子的名字命名,他就是后来的菲利普二世,在历史上并没有留下什么美好的事迹。最开始,麦哲伦受到了友好的接待,但后来他使用舰炮来迫使当地人改信基督教。他因而被杀死,和他一同送命的还有数位船长和水手。五艘船只剩下三艘了,活下来的船员烧毁了其中一只,然后继续航行。他们发现了摩鹿加群岛,也就是著名的香料群岛。他们看到了婆罗洲①,到达了蒂多尔岛②。到了这里,两艘船中有一艘漏水严重,不能再继续使用,这艘船连同船员都留在了蒂多尔岛。在塞巴斯蒂安·德尔·卡诺的指挥下,"维多利亚"号穿过了印度洋,没有看到澳大利亚的北边海岸(直到17世纪上半叶,荷兰东印度公司的船只才发现了澳大利亚),历经千辛万苦,他们终于回到了西班牙。

这是最了不起的一次航行。这次航行历时3年,很多人因此送命,耗费了大量的钱财,但这次航行证明了地球是圆形的,证明了哥伦布发现的新大陆不是西印度群岛的一部分,而是一个单独的大陆。从那时开始,西班牙和葡萄牙开始全力开发他们在印度和美洲的贸易。为了避免这两个竞争对手发生武装冲突,教皇亚历山大六世以格林尼治以西50度的经线为界,亲切友好地为这两个国家平均瓜分了世界,即所谓的1494《托德西利亚斯条约》分割。葡萄牙人在

---

① 加里曼丹的旧称,世界第三大岛,位于东南亚马来群岛中部。
② 又称蒂多雷岛,印度尼西亚马鲁古群岛中的一个岛屿。

这条线以东的地方兴建殖民地,西班牙人则在以西的地盘发展殖民地。这也就解释了为什么除了巴西以外的地方,整个美洲大陆上都是西班牙的殖民地,而西印度群岛和大部分非洲地区都是葡萄牙殖民地,后来到了17世纪和18世纪英国人和荷兰人来了(他们可不把教皇的决定放在眼里),他们夺走了葡萄牙人和西班牙人的领地。

哥伦布新发现的消息传到了威尼斯的里亚尔托,也就是中世纪的华尔街,引发了大恐慌。股票和债券下滑了四五十个百分点。过了一阵子,哥伦布看起来并没有找到通往中国的道路,威尼斯商人又恢复了平静。但是伽马和麦哲伦的航行证实了从海路通往西印度群岛确实可行。热那亚和威尼斯是中世纪和文艺复兴时期的两大商业中心,如今它们的统治者开始后悔没有听取哥伦布的话,可是太迟了。地中海成了内陆海。经由陆地前往西印度群岛和中国的路线逐渐萎缩,变得微不足道。意大利的荣耀时代一去不复返了。大西洋成为新的商业中心,从而也成为了文明的中心,其中心地位从那一刻开始到现在,一直没有改变。

自古以来,文明的进程就是如此的奇特,50个世纪之前,尼罗河流域的人们开始用文字记录历史,接着文明的中心从尼罗河转移到两河流域的美索不达米亚。接着又是克里特岛、希腊和罗马的崛起。再接下来，一个内海成了贸易的中心，地中海沿岸的城市成为了艺术、科学、哲学和学识之地。到了 16 世纪，文明的中心再次西移，紧邻大西洋的国家成为了地球上的主宰。

有人说第一次世界大战和欧洲强国的自杀式行为极大地削减了大西洋的重要性，他们觉得文明的中心穿过美洲大陆，在太平洋找到新的归宿。我对此存有疑虑。

人们往西航行，船体不断扩大，航海人的知识也在不断增加。尼罗河和幼发拉底河最初的那种扁平船被腓尼基人、爱琴海人、希腊人、迦太基人和罗马人的帆船所取代，之后这种帆船又被废弃了，取而代之的是葡萄牙人和西班牙人的横帆船。再往后，英国人和荷兰人的全装帆船又取代了横帆船。

然而到了现在，文明不再依附于船只。代替了帆船和轮船的是飞机。决定下一个文明中心的是飞机和水力。海洋将再次成为小鱼儿宁静的家园，人类的远祖曾经也和它们共享深海处的安宁。

宗教改革

　　人类的进步就好比一个不断前后摆动的巨大钟摆。文艺复兴时期人们对宗教满不在乎,对艺术和文学却是充满了热情,到了宗教改革时期,情况转换过来了,人们对艺术和文学满不在乎,对宗教却是充满了热情。

　　你当然是听说过宗教改革了。你想的是一小群勇敢的清教徒越过重洋,寻求"宗教信仰的自由"。随着时间的推移(特别是在我们这些新教国家),宗教改革似乎都成了"思想自由"的代名词。马丁·路德是这一先锋运动的领袖。但是历史并不是歌功颂德,用德国历史学家兰克[①]的话来说,我们

---

① 利奥波德·冯·兰克(Leopold Von Ranke, 1795 年—1886 年),十九世纪德国和西方最著名的资产阶级历史学家,用科学态度和科学方法研究历史的兰克学派的创始人,近代西方客观主义历史学派之父。

要发现"真正发生了什么",这样一来,过去就展现出完全不同的面貌。

在人类的生活中,几乎就没有绝对好或是绝对坏的事情。也几乎没有非黑即白的事情。记录下每一历史事件好的方面和坏的方面是诚实的记录者应尽的职责,而每个人都有自己的好恶,所以要做到这一点非常困难。但我们可以尽可能做到公正,尽力不受自己偏见的影响。

以我自身经历为例。我成长在新教徒国家的新教中心地带,直到 12 岁那年,我才见到了天主教徒。看到他们的时候,我非常不自在,我是有点害怕。我知道当年阿尔瓦公爵①惩罚路德教派和加尔文教派中的荷兰人,西班牙宗教法庭烧死、吊死、肢解了成千上万的人。这一切在我看来就像是昨天才发生的事一样,而且有可能重演。圣巴托洛缪之夜②有可能重现,小小的可怜的我有可能穿着睡衣就被屠杀了,我的尸体有可能像高贵的科利尼上将的尸首一样被扔出窗外。

又过了好些年,我到了一个天主教国家生活了数年。我发现那里的人比我以前的同胞们还要友好宽容,他们也同样

① 西班牙王国最悠久的公爵封号之一。
② 圣巴托洛缪大屠杀是法国天主教暴徒对国内新教徒胡格诺派的恐怖暴行,开始于 1572 年 8 月 24 日,并持续了几个月。

聪慧。我吃惊地发现，宗教改革中天主教也有他们有道理的一面，一点也不亚于新教徒的道理。

当然了，经历了宗教改革的 16 世纪和 17 世纪的人们并不这样认为。在他们看来，自己总是对的，敌人总是错的。那是要么自己被吊死、要么吊死别人的问题，双方都想要吊死别人。这就是人性，无需指责。

我们来看一看 1500 年的世界吧，这一年很容易记住，这一年查理五世诞生了。几个高度集权的国家兴起，中世纪的封建无序状态结束了。查理五世是所有君主中最强大的，但在 1500 年他还在襁褓之中。他的外祖父和外祖母是斐迪南和伊莎贝尔，他的祖父是哈布斯堡皇室的马克西米兰，中世纪最后的骑士，祖母玛丽的父亲是大胆的查理，勃艮第野心勃勃的公爵，他同法兰西交战，大获成功，最后却被独立的瑞士农民杀害了。这个孩子查理生来就继承了地图上最大的一片土地，既有他父母的，也有他祖父母、叔叔、堂兄，还有姑母的辖地，有德意志的疆土，也有奥地利、荷兰、比利时、意大利和西班牙的土地，还有它们在亚洲、非洲和美洲的殖民地。具有讽刺意味的是，他出生在比利时的根特，就降生在佛兰德斯伯爵的城堡里，不久前德意志占领了比利时，将这座城堡当作监狱使用。虽然身为西班牙国王和德意志皇帝,他接受的却是弗兰芒人的教育。

查理的父亲死了(据说是被毒死的,但没有得到证实),他的母亲疯了(她带着装有丈夫尸体的棺材到处旅行),查理就由他严厉的姑母玛格丽特管教。查理生来就要统治日耳曼人、意大利人、西班牙人,另外还有上百个其他民族,他长大后成为了弗兰芒人,忠实的天主教徒,但非常反感宗教中的偏执。他非常懒惰,孩提时期如此,长大成人后也是如此,但他却担负起统治陷入宗教狂热的混乱世界的责任。他总是马不停蹄地赶路,从马德里到因斯布鲁克①,又从布鲁日②赶往维也纳。他爱好和平,喜欢宁静的生活,却戎马一生。人类有如此多的仇恨,是如此的愚昧,到了他55岁那年,他极度厌世,放弃了王位,3年之后,他心灰意冷地离开了人世。

这就是皇帝查理五世的故事。那教会,这个世上第二大的力量又如何呢? 中世纪早期,教会开始教化异端,向他们展示虔诚正直的生活有什么样的好处,之后,教会发生了很大的变化。首先,教会变得非常富有。教皇不再是谦卑的基督徒羊群的牧羊人,他住在宏伟的宫殿中,周围都是取悦他

---

① 奥地利西部城市。
② 比利时西北部城市。

的艺术家、音乐家和著名文学家。他的教堂和礼拜堂里挂满了新画作，上面的圣人看起来更像是古希腊的诸神。教皇只有十分之一的时间在处理事务，而另外的时间都花在艺术上，他对罗马雕像非常感兴趣，最近又发现了古希腊花瓶，还计划新修一栋夏日行宫，还要排演一部新剧。上行下效，大主教和红衣主教也是如此。主教大人们也在效仿大主教的榜样。然而，乡村的神父还在忠实地履行自己的职责，他们远离这邪恶的世界，以及对美和快乐这种非基督的热爱。他们还远离修道院，当时修道院里的修道士已经忘记了简朴和贫困生活的古老誓言，在不引起公众丑闻的前提下尽可能地寻欢作乐。

最后要谈到的是普通人，他们的生活比以前富裕了很多。他们住上了更好的房子，孩子上了更好的学校，居住的城市也更加美丽，他们的武器也能和强盗式的贵族媲美了，这些贵族再也不能像过去的数个世纪那样对他们横征暴敛了。这些就是宗教改革的主要角色。

接下来，我们先看一下文艺复兴给欧洲带来了怎样的改变，这样你就会明白为什么学问和艺术的复兴之后，宗教兴趣的复兴必定接踵而来。文艺复兴起源于意大利，接着到了法国。文艺复兴在西班牙并不兴盛，西班牙同摩尔人的战火延续了 500 年的时间,那里的人们极端保守,对宗教事务非常狂热。文艺复兴波及的范围越来越广,可越过阿尔卑斯山后,其性质就发生了变化。

欧洲北部的人们生活在完全不同的气候中,那里的人们同他们南部邻居的生活观也就迥然不同。意大利人生活的环境视野宽广,阳光明媚,他们很容易受到气候的感染,喜欢欢声笑语,纵情高歌,容易喜气洋洋。而日耳曼人、荷兰人、英格兰人、瑞典人大多数时间都待在户内,听着雨点落在他们舒适小屋的窗户上。他们不苟言笑,对待任何事情都很认真。他们随时都想着自己不朽的灵魂,不愿意在神圣的事情上搞笑。他们对文艺复兴的"人文主义"部分,也就是书籍、研究古代作家、语法和教科书非常感兴趣。意大利文艺复兴的一大结果就是回归古希腊和古罗马的无宗教信仰的文明,这一点却让他们的内心充满恐惧。

但教皇和红衣主教团几乎都是意大利人,有了他们,教会成了气氛愉悦的俱乐部,人人都在讨论艺术、音乐和戏剧,很少提及宗教。北方态度严谨,南方随和淡然,两边的分歧越来越大,但似乎谁也没有注意到教会即将面临危机。

宗教改革的发生地是德意志,而非瑞典或是英格兰,其中有几个小原因。德意志国家的人自古就不待见罗马。皇帝和教皇之间无尽的战争和分歧引得双方都非常不快。在其他欧洲国家，政府掌握在强大的国王手中，国王通常都有能力保护臣民不受贪婪神父的迫害。但在德意志地区，皇帝实权不够，下面的封建主蠢蠢欲动，市民更加受主教和高级教士的摆布。这些身在高位的神职人员想要搜刮大量钱财修建宏大雄伟的教堂，这可是文艺复兴时期教皇的嗜好。德意志地区的人觉得自己遭受了掠夺，自然会感到不悦。

另一鲜为提及的事实就是：德意志是印刷机的发源地。在欧洲北部，书籍便宜，《圣经》不再是只有神父才能拥有、只有神父才能解释的神秘手抄本。很多能够读懂拉丁文的家庭都拥有《圣经》，一个个的家庭开始阅读《圣经》，这却有违教会的规定。读了《圣经》之后，他们发现神父讲的很多事情都同原稿有出入，这就引发了疑虑，大家开始提问，一旦提出的问题不能得到答案，就会引发很多麻烦。

欧洲北部的人文主义者开始进攻了，他们首先攻击的是修道士。他们在心中对教皇依然有太多的尊敬，因此不忍攻击教皇本人。但修道士们呢？他们懒惰无知，在修道院的高墙里过着富裕的生活，正好成为开枪的靶子。

有趣的是，这场战役的领袖德西德里乌斯·伊拉斯谟是虔诚的教徒。他出生在荷兰鹿特丹一个贫寒的家庭中，在代芬特尔的一所拉丁语学校受教,肯彭的托马斯也是从这所学校毕业的。伊拉斯谟成为了神父,他有段时间居住在修道院,曾到过很多地方。后来他成为公众小册子作者(放在今天,他就是我们口中的社论作者),撰写了一系列的匿名书信,都收集在一部题为《无名小辈的来信》中,全世界都为之捧腹大笑。在这些信件中,他用德语式的拉丁语打油诗揭露了中世纪后期修道士的愚昧无知,这种打油诗的形式有些类似我们今天的五行打油诗。伊拉斯谟本人是一位非常博学严谨的学者,通晓拉丁文和希腊文,他借助一本修订过的希腊文《新约》,翻译出了第一本可信赖的拉丁语版本。他和古罗马诗人塞勒斯特一样,相信没有什么可以阻止我们"带着微笑讲述真理"。

1500 年,在英格兰拜访托马斯·莫尔[①]期间,他花了几个星期的时间写了一本有趣的小册子,题为《愚人颂》,在这本书中他用幽默,这一最犀利的武器,攻击了修道士和那些因为轻信而追随他们的人。这本小册子是 16 世纪最畅销的书,几乎所有的国家都有其译本。正因为这本书,人们开始

[①] 托马斯·莫尔(Thomas More,1478 年—1535 年),欧洲早期空想社会主义学说的创始人,才华横溢的人文主义学者和阅历丰富的政治家,以其名著《乌托邦》而名垂史册。

关注伊拉斯谟其他的著作,他在其他书中提出了改革教会不当行为的主张,呼吁其他人文主义者帮助他,共同参与到复兴基督信仰的事业当中。

他计划得非常好,可是没有任何结果。伊拉斯谟是个非常理性包容的人,教会的对手并不喜欢他的言论,他们还在等待一位性格更为火爆的领袖。

这位领袖来了,他的名字就是马丁·路德。

路德出生在一个北德意志的农民家庭,他有着一流的头脑和惊人的勇气。他上了大学,取得了埃尔福特大学的文科硕士学位,之后他进入了一个多明我教派的修道院。后来,他成为了维滕贝格①神学院的教授,开始给农家子弟讲解经文,而这些农家子弟并不关心宗教。他有很多闲暇时光,就开始研究《旧约》和《新约》的原文。很快,他就发现基督的原话与教皇和主教传播的教义之间有很大的不同。1511年,他因公务来到罗马。博尔吉亚家族的教皇亚历山大六世②已经死了,他搜刮了大量财富,他的儿女因此得益匪浅。他的继任者尤利乌斯二世③个人品德无可指责,大部分时间都花

① 德国东部城市。
② 亚历山大六世共有 5 个为人熟知的私生子女。
③ 战神教皇尤利乌斯二世,1503 年—1513 年在位。

在打仗和大兴土木之上了,其虔诚之心并没有给我们这位严谨的德意志教授留下什么印象。大失所望的路德回到了维滕贝格。后来又发生了更为糟糕的事情。

尤利乌斯二世希望他清白的继任者继续浩大的圣彼得大教堂的工程;工程还没开始多久,可是已经需要维修了。亚历山大六世花光了教皇的金库。1513年,尤利乌斯二世去世,利奥十世登基成为了教皇,处在了破产的边缘。他采用了一种筹集现金的老办法:兜售"赎罪券"。"赎罪券"就是用一定现金换来的羊皮纸,有了这张纸,有罪的人就能减少在炼狱中所待的时间。根据中世纪后期的教义,这是完全正确的。如果人真心忏悔,教会有权在他们死前宽恕他们的罪恶,那么教会也就有权通过圣人从中说情,缩短他们在阴暗的炼狱中净化灵魂的时间。

不幸的是,人们必须通过金钱来购买这些赎罪券。不过赎罪券为教会提供了一种轻松获得税收的方式,而且如果有人实在是太穷了,也可以免费领取赎罪券。

1517年,萨克森地区赎罪券的销售权交到了一位名叫约翰·特策尔的多明我会的修道士手中。修士约翰是一位非常积极的推销员。事实上,他有点过于积极了。他的方式惹恼了这个小公国的虔诚信徒。路德是个实在人,他非常愤怒,因而行事有些莽撞。1517 年 10 月 31 日,他来到教堂,在大门口贴了一张纸,上面陈列了 95 条论纲,条条都在抨击销售赎罪券的行为。这些声明是用拉丁文写成的,路德并不打算引发暴动,他并不是革命者。他反对销售赎罪券的做法,他想让同事们知道自己对此的看法。这本是神职人员和学者界的私事,并没有去煽动普通信徒对教会的偏见。

但不巧的是,当时整个世界开始关注宗教事务,只要讨论的是宗教,就必然会很快引发精神层面的大震荡。不到两个月,整个欧洲都在讨论这位萨克森修士的 95 条论纲。每个人都必须表示赞同与否。所有的神职人员,就是名不见经传的小辈也必须公开发表自己的看法。教皇当局惊呆了,他们下令要路德前往罗马报告自己的行为。路德想起了胡斯的遭遇,明智地选择待在德意志,教皇将他逐出了教会。在众人仰慕的目光中,路德焚烧了教皇的诏书,从此他和教皇之间就再无和平可言。

虽然无心如此,路德成为众多对教会不满的基督徒的领袖。像乌尔利希·冯·胡登①这样的德意志爱国者立刻站出

---

① 乌尔利希·冯·胡登(Ulrich von Hutten,1488 年—1523 年),德国人文主义者、诗人,著名的骑士理论家,1522 年—1523 年骑士暴动的领导人之一。

来为他辩护。如果当局想要逮捕他，维滕贝格、埃尔福特和莱比锡的学生都提出要为他辩护。萨克森地区的选帝侯①向群情激昂的年轻人保证，只要自己还在萨克森，路德就不会遭遇危险。

这些事情发生在 1520 年。当时查理五世已经 20 岁了，是半个世界的统治者，他不得不和教皇保持友好关系。查理五世下令在莱茵河畔的沃尔姆斯召开宗教大会，要求路德出席大会，汇报自己的非常规行为。路德当时已是德意志的民族英雄，他前去参加了会议。路德拒绝收回自己说过的或是写过的话，一个字都不肯收回。只有上帝的话语才能支配他的良心，他无论是死是活都是为了自己的良心。

一番深思熟虑之后，沃尔姆斯大会宣布路德是上帝和人类的罪人，禁止德意志地区的人给他提供住所、食物和饮水，也不准人们阅读这个卑鄙的异教徒写下的任何东西。虽然如此，这位伟大的改革家并无性命之忧。在大部分德意志北部的民众看来，这项判决极其不公正，令人发指，遭人唾弃。安全起见，路德躲在瓦特堡。在这座属于萨克森选帝侯的城堡中，他挑战教皇的权威，将整部《圣经》翻译成了德语，从

---

① 当时德国有权选举神圣罗马帝国皇帝的诸侯。

此所有的人都能自己阅读理解上帝的话语了。

事到如今，宗教改革就不再只是精神和宗教层面的事务了。有些人不喜欢现代教堂的风格，他们就趁着动荡的时局，摧毁了这些教堂，他们这样做就是因为自己不能理解这些教堂的美。穷困潦倒的骑士也趁机抢夺属于修道院的领地，以此弥补以前的损失。心怀不满的亲王们趁着皇帝不在，扩张自己的势力。癫狂的煽动家带领着食不果腹的农民抓准机会袭击领主的城堡，他们带着十字军一般的狂热，烧杀抢掠。

整个帝国陷入了真正的混乱之中。有些亲王成了新教徒，开始迫害天主教的臣民。有些亲王仍是天主教徒，于是他们管辖下的新教徒被挂上了绞刑架。1526 年的施派尔会议想要解决这一难题，下令"子民应该与亲王属于同一教派"。这样一来，德意志就成了星罗棋布的上千个互相仇视的小公国和封邑，这一局面在数百年的时间里抑制了德意志政治的正常发展。

1546 年 2 月，路德去世，安葬在了他 29 年前反驳销售赎罪券壮举的教堂里。不到 30 年的时间里，充满了欢声笑语、随性安逸的文艺复兴世界就变成了吵闹争论、诽谤中伤的宗教改革论坛。教皇在精神层面一统天下的局势戛然而止,整个西欧变成了天主教徒和新教徒互相屠杀的战场,两派都想将自己的某些教义发扬光大,这些教义是如今我们这代人无法理解的,正如我们无法理解古代伊特鲁里亚人的神秘碑文一样。

俄国的崛起

神秘的俄帝国突然出现在了欧洲的政治舞台之上。

1492 年，哥伦布发现了美洲。同年年初，提洛尔大主教派出了一支科学考察队，队长是一位名叫苏纳普斯的提洛尔人，他手里握有最好的介绍信和最好的金融信用证，想要驶向神秘城市莫斯科。他没有成功。人们只是模糊地觉得土地辽阔的俄国处在欧洲的最东端，当他抵达土地辽阔的俄国边境时，他被断然拒绝入境，俄国人不想外国人进入。苏纳普斯转而去了异教徒突厥人的君士坦丁堡，以便回程之后能够有东西向主教大人汇报。

61 年之后，理查德·钱塞勒想要发现通往西印度群岛的东北航向，不幸被风刮到了白海，到达了德维纳河口，发现了俄国村庄科尔摩哥里，距离 1584 年建立的阿尔汉格尔斯克城镇只有几小时的路程。这一次，外国来访者得到邀请，来到了莫斯科，觐见了俄国大公。他们去了，回来的时候带着一张协约，这是俄国和西方世界签署的第一张商业协约。很快，其他国家闻风而来，这片神秘的土地开始为人所知。

从地理位置而言，俄国地处大片的平原地区。乌拉尔山脉并不高，不能抵御外来入侵者。河流很宽阔，但水通常都浅。这是游牧民的理想居所。

遥想当年，罗马帝国诞生了，不断扩张势力，之后又从地球上消失了，在此期间，斯拉夫部落早就离开了中亚的老家，漫无目的地在德涅斯特河①和第聂伯河②之间的森林中和平原上游荡。古希腊人碰到过这些斯拉夫人，3 世纪和 4 世纪的旅行者也提到过他们。否则，人们就像是 1800 年对内华达州的印第安人一样一无所知了。

不幸的是，一条便利的贸易路线经过了他们的国家，打扰了这些原始民族的安宁生活。这就是从欧洲北部到君士

---

① 德涅斯特河(Dniester)位于欧洲境内，发源于东喀尔巴阡山脉罗兹鲁契山，流向东南，流经乌克兰和摩尔多瓦两国，最后注入黑海的德涅斯特湾。
② 第聂伯河(Dnieper)是俄罗斯欧洲部分的第二大河，欧洲第三大河。源于俄罗斯瓦尔代丘陵南麓，向南流经白俄罗斯、乌克兰，注入黑海。

坦丁堡的主要路线,从波罗的海一直延伸到涅瓦河,穿过拉多加湖①,沿着沃尔霍夫河朝南延伸,再越过伊尔门湖,沿着拉瓦特小河而上,接着就是沿短暂的陆地路线到达第聂伯河,最后沿着第聂伯河进入黑海。

北欧人很早就知道这条路线了。公元9世纪,他们就开始在俄国北部定居,而其他的北欧人则为德意志和法国的独立打下基础。但在公元862年,三个北欧人,他们是亲兄弟,越过了波罗的海,创建了三个小小的王朝。这三兄弟中留里克活得最长,他吞并了其他两个兄弟的土地。北欧人来到这里20年后,斯拉夫国家成立了,首都设在基辅②。

基辅距离黑海很近。很快,君士坦丁堡的人就知道这个斯拉夫国家的存在,也就意味着基督信仰的传播有了新的处女地。拜占庭的神父们顺着第聂伯河北上,很快就到达了俄国的中心地带。神父们发现这里的人们认为树林中、河流里和洞穴中居住着神灵,这些神灵就是他们朝拜的对象。拜占庭的神父们把耶稣的故事教给了这里的人们,这里也没有罗

---

① 拉多加湖(Ladoga),位于俄罗斯西北部列宁格勒州边境的卡累利阿共和国和列宁格勒州之间,靠近芬兰边境。该湖为涅瓦河源头,最后流入芬兰湾(波罗的海的一部分),是欧洲最大的湖泊。
② 现今乌克兰首都。

马传教士与他们争夺信徒。罗马教会正忙于教化异教的条顿人，根本无暇顾及遥远地区的斯拉夫人。因此俄国从拜占庭神父那里接受了宗教和字母，还第一次接触到了艺术和建筑的概念。拜占庭帝国逐渐失去了欧洲的特点，变得越来越东方，俄国也是如此。

从政治的角度而言，这片广袤平原上的新国家命途多舛。北欧人的做法是将遗产平均分给所有的儿子。一个成立不久的小国家立刻就被分成了八九份，每个儿子一份，然后这些儿子又将自己的领地分给自己的儿子们。这些小国家之间彼此竞争，就免不了起冲突，混乱无序就是当年唯一的秩序。等到东边燃起了战火，一支野蛮的亚洲部落前来入侵，这些小小的国家本来就四分五裂，国力衰弱，根本无力对抗可怕的敌人。

公元 1224 年，鞑靼人第一次大规模地将侵略的战火烧到了这片土地。成吉思汗征服了中国、布哈拉、塔什干和土耳其斯坦，带领部下第一次出现在了西方。在迦勒迦河附近，斯拉夫军队遭到惨败，俄国的命运就在蒙古人手中。蒙古人来得突然，消失得也非常突然。然而，13 年之后，也就是 1237 年，他们又卷土重来。不到 5 年的时间，辽阔的俄罗斯平原就全部落在了手中。1380 年，莫斯科大公德米特里·顿斯科伊①在库利科夫平原上打败了鞑靼人，在这之前，鞑靼人就是俄国人的主宰。

总而言之，俄国人花了两个世纪才从枷锁中摆脱出来，这是怎样卑贱恶心的枷锁呀！斯拉夫农民成了可悲的奴隶。在俄国南部草原的中心地带，这些又脏又矮的黄种主子们坐在帐篷里，如果俄国人想要活命，就必须俯首趴在这些主子的脚下，听任他们的唾弃。人们失去了尊严，失去了独立自主的生活。饥饿、痛苦、营养不良和人身羞辱成了家常便饭。到了最后，普通的俄国人，无论他是农民也好，还是贵族也好，一个个都像是丧家之犬，由于经常遭到毒打，全都神情涣散，如果没有主人的允许，甚至连尾巴都不敢摇一摇。

这样的生活还无路可逃。鞑靼可汗的骑兵敏捷快速，残忍无情。大草原无边无际，在逃亡邻国的途中也没有可以躲藏的地方。俄国人只能忍气吞声，要么忍受黄种人主子的残忍对待，要么就是冒着死亡的危险逃跑。当然了，欧洲本来还可以出手，但当时欧洲也是自顾不暇，正在与教皇和皇帝闹得不可开交，忙着镇压这里那里的异端邪说。所以欧洲没

---

① 德米特里·顿斯科伊（Dmitry Donskoi，1350年—1389年），弗拉基米尔和莫斯科大公，伊凡二世之子，1359年即位。

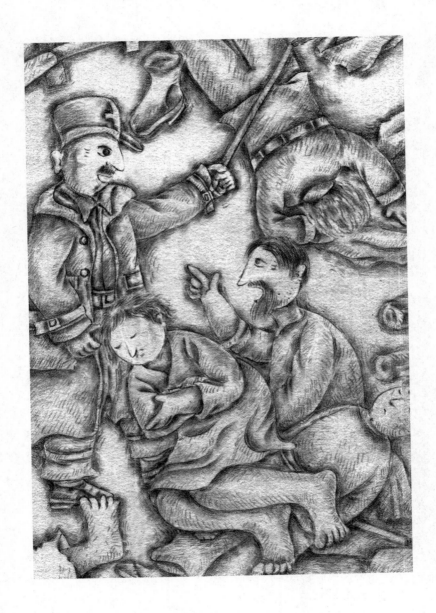

有出手，斯拉夫人只有自我拯救。

俄国最后的救星是众多小国中的一个，由北欧人创建，位于俄罗斯平原的中心地带，其首都莫斯科坐落在莫斯科河边的一个陡峭小山上。这个小小的公国在必要的时候就取悦鞑靼人，在安全的时候就与之对抗，到了14世纪中叶成为了民族的领袖。必须提到的一点是：鞑靼人完全没有建设性的政治才能，他们只会破坏，其主要目标就是征服新的领地，获取更多的税收。如果要获得税收，就得允许之前的部分政治体系继续运作，因此许多小城镇得以在大可汗的恩准下继续存在，充作征税机器，抢夺周围地区的财富以充盈鞑靼的国库。

在周围地区的滋养下，莫斯科公国变得越来越强大，最后甚至可以公开反抗鞑靼主子。莫斯科成功了，声名远扬，成为了俄国独立的领袖，自然就聚集了那些仍然相信斯拉夫民族美好未来的人们。1458年，土耳其人攻占了君士坦丁堡，10年之后，伊凡三世统治之下的莫斯科向西方世界宣布他们的斯拉夫国家在精神上和世俗上都继承了逝去的拜占庭帝国的衣钵，以及君士坦丁堡保留下来的罗马帝国的传统。又过了一代人的时间，在伊凡雷帝的领导下，莫斯科已经非常强大了。莫斯科大公用上了恺撒的名号，自称沙皇，并要求西方欧洲各国的承认。

　　1598 年，费奥多尔一世去世，最初那个北欧人留里克的后人所掌管的古老莫斯科王朝宣告终结。接下来 7 年的时间里，沙皇是鲍里斯·戈都诺夫，他有一半的鞑靼血统，他在位的时期决定了未来大多数俄国人的命运。这个帝国幅员辽阔却相当贫穷，既没有贸易，也没有工厂，寥寥可数的几个城市不过是肮脏的村庄而已。它有着强有力的中央政府，剩下的就是广大的目不识丁的农民。中央政府是斯拉夫人、北欧人、拜占庭人和鞑靼人组成的混合体，他们目光短浅，只看得到本国家的利益。要捍卫国家，就需要军队。要养军队，就要征税。国家还需要公务员，要给这些大大小小的官员发薪，就需要土地。东边和西边到处都是荒地，土地倒是不缺，可没有耕种田地和照顾牲畜的劳动力，土地就一钱不值。于是游牧民被剥夺了一项又一项的特权，最后到了 1601 年，他们沦为了土地的一部分。俄国的农民不再是自由民，而成了农奴或是奴隶。到了 1861 年，他们的处境已经悲惨到了极点，大批大批的农奴失去生命，他们只有通过死亡才摆脱了农奴的身份。

　　到了 17 世纪，这个新国家的疆土飞快地扩张，一直延伸到了西伯利亚，成为了其他欧洲国家不可小觑的一股力量。1618 年，鲍里斯·戈都诺夫死了，俄国的贵族们从自己人当中选举了一位成为了沙皇，他就是费奥多尔的儿子，罗曼诺夫家族的米迦勒，就住在克里姆林宫外的一栋小房子里。

1672年米迦勒的曾孙彼得出生了，彼得的父亲也叫费奥多尔。彼得10岁那年，他同父异母的姐姐夺取了俄国皇位，这个小男孩得到允许，生活在了莫斯科郊外外国人居住的地方。他生活的周围到处都是苏格兰酒吧老板、荷兰商人、瑞士药剂师、意大利理发师、法国舞蹈教师和德意志学校老师，这位年轻的王子对遥远神秘的欧洲有了第一手的奇特印象，那里和他的国家是如此的不同。

17岁那年，他突然就从姐姐手里夺回了皇位。彼得成为了俄国的统治者，他并不满足于成为半野蛮半亚洲人的沙皇，他想要成为一个文明国家的君主。要在一夜之间将俄国从一个拜占庭式的鞑靼国家变成欧洲式的帝国绝非易事。这项工作既需要铁腕也需要头脑，而彼得正好具备这两种能力。1698年，他开始大刀阔斧地改造古老的俄国，将近代欧洲的文明移植到古老的俄国身上。"病人"活了下来，但最近5年发生的事情①明明白白地告诉了我们，俄国并没有从这场大手术中真正恢复过来。

━━━━━━━━━━━━━━━━━━━━━━━━

① 指的是沙皇俄国的垮台。

普鲁士的崛起

在日耳曼北部的荒芜之地，一个叫做普鲁士的小国异军突起。

普鲁士的历史就是边境地区的历史。公元9世纪，查理曼大帝将文明的中心从地中海转移到了欧洲西北部的野蛮之地。他的法兰克士兵不断东进，欧洲的边境地区也就随之东进。他们从居住在波罗的海和喀尔巴阡山脉之间的未开化的斯拉夫人和立陶宛人手里夺取了大片大片的土地，法兰克人统治这些边境地区的方式就像是建国之前的美国人。

边境上的勃兰登堡最初是查理曼大帝创建的，为的是防止野蛮的撒克逊部落侵扰他东边的属地。斯拉夫的一个部落即文德人居住在这一地区，法兰克人于10世纪征服了这一部落，文德人的市场名为勃兰登堡，成为了这一省份的中心，该省份也因此而得名。

从 11 世纪到 14 世纪，先后有数个贵族家庭在这个边境省份执行皇家总督的职能。到了 15 世纪，霍亨索伦家族出现了。作为勃兰登堡的选帝侯，他们开始将这个被遗弃的边境地区变成了近代世界最为高效的帝国之一。

霍亨索伦家族刚刚被欧洲和美国合力赶下了历史舞台[①]，他们最初来自日耳曼南部，出身寒微。12 世纪，霍亨索伦家族中一位叫弗雷德里克的男子姻缘不错，被任命为纽伦城堡的看门人，他的后人从不放过任何机会提升家族的地位，如此苦心经营了数个世纪之后，他们成为了选帝侯。选帝侯是那些可以选举日耳曼帝国皇帝的王公贵族的名号。在宗教改革期间，他们站在了新教徒这一边，17 世纪早期，他们成了日耳曼北部王公贵族中最有权势的一支。

三十年战争中，新教徒和天主教徒都洗劫过勃兰登堡和普鲁士，一样地毫不留情。但在大选帝侯弗雷德里克·威廉的带领下，他们很快就从战争的损失中恢复过来，而且还通过知人善任，调动国家的经济和智力因素，创建了一个物尽

---

① 这里说的是一战之后德意志皇帝退位。

国际大奖童书系列

其用、人尽其才的国家。

近代普鲁士是每个人的愿望和抱负都完全融于集体利益当中的社会。这样的普鲁士可以追溯到腓特烈大帝的父亲,也就是腓特烈·威廉一世,他是一位勤奋工作、勤俭节约的普鲁士军人,非常喜欢粗犷的酒吧故事和浓烈的荷兰烟草,极端厌恶华而不实的花边和羽毛饰品(如果是法国来的,他就更厌恶了),他心中只有一个理念,那就是职责。他严格要求自己,也严格要求部下,无论是将军还是士兵,他都绝不包容任何软弱的行为。说得好听一点,他和儿子腓特烈之间的关系从来就不和睦。儿子品味精细,看不惯父亲的粗鲁。儿子喜欢法国的礼仪、文学、哲学和音乐,而这一切在父亲看来完全就是女人气。这两种截然不同的性格自然会引发大问题。腓特烈想要逃到英格兰,被抓住了,送上了军事法庭,而他最好的朋友因为帮助他被执行斩首,他被迫目睹了全过程。之后,作为惩罚的一部分,年轻的王子被送到了某处的小堡垒,学习如何成为一个国王。这真是因祸得福,腓特烈1740年登基之时,从穷人的孩子如何办理出生证,到复杂的年度预算,最小的细节问题他都心中有数。

他写了一本书,书名叫作《反马基雅弗利》,他对这位古代佛罗伦萨历史学家的政治信条表示了鄙视,马基雅弗利建

148

议贵族子弟在有必要的时候,尽可以为了国家利益而撒谎欺骗。腓特烈不以为然,他认为理想的统治者应该是人民的第一公仆,应该效仿路易十四做一位开明的独裁者。然而,腓特烈本人在实践中虽然每天为人民工作长达20个小时,可是绝不容忍任何人走到他身边充当顾问。他的部长们只是高级办事员,普鲁士是他私人的财产,要按照他的愿望进行管理。他不允许有任何事情干预到国家的利益。

1740年,奥地利的皇帝查理六世去世了,生前他用一大张羊皮纸,黑字白纸地定下庄严契约,想要确保独生女玛利亚·特里萨的位置。但这位老皇帝刚刚安葬在了哈布斯堡王室的地下墓室里,腓特烈的军队就开往奥地利边境,想要攻占奥地利所属的西里西亚,普鲁士人翻出八百年前的老黄历,叫嚷着自己拥有这片土地。数次战争之后,腓特烈征服了整个西里西亚地区,虽然奥地利多次反攻,腓特烈也多次处在战败的边缘,他还是在这片新夺取的土地上站稳了脚跟。

普鲁士横空出世、气势逼人,欧洲诸国当然注意到了。18世纪,多次大型的宗教战争摧毁了日耳曼民族,谁也没有把他们放在眼里。腓特烈就像俄国的彼得大帝一样,暗中努力,赫然现身,人们的态度立刻就从鄙视变成了恐惧。普鲁士国内的事务处理得也相当老到,同其他地方的人们相比,普鲁士人的确是没有什么好抱怨的。国库每年不仅没有赤字，还有盈余。国家废除了酷刑，改善了司法体系。国家建设了好的公路，建立了好学校、好大学，再加上政治清明，人民觉得不管国家要求自己做什么，都是值得的。

数个世纪以来，德意志地区一直都是法国人、奥地利人、瑞典人、丹麦人和波兰人鏖战的场地，如今有了普鲁士的榜样，日耳曼人也有了底气。这都归功于那个小个子老头，他长着鹰钩鼻子，一身旧军服上沾满了鼻烟，说起自己的邻居来，他谈吐有趣，却出言刻薄。他不顾事实真相，满口谎言，只要有所得，他就不吝于摆弄18世纪臭名昭著的外交游戏。可是他还写了一本书，叫作《反马基雅弗利》。1786年，他的大限已到，身边的朋友已经尽数散去，他从没有过子嗣。他孤独地死去了，身边仅有一位仆人和一群忠心耿耿的狗。他爱狗胜过爱人，因为他说过，狗不会忘恩负义，永远都忠诚于朋友。

重商主义

欧洲这些新成立的民族国家或是王朝如何发家致富？什么是重商主义？

我们已经看到在 16 世纪和 17 世纪，现代世界的各个国家已经开始成形。它们的源头各不相同，有些是某位国王刻意努力为之，有些是机缘巧合，还有些则是有利自然条件的结果。可是一旦国家成立之后，就会竭尽全力巩固国内统治，同时也想在国际事务上谋求最大的影响力，所有的这些都需要大笔的金钱。中世纪的国家没有中央集权，不依赖于殷实的国库，国王的收入来自皇家领地，而为他做事的王公贵族各有自己的收入。近代的中央集权国家就复杂得多，古老的骑士消失了，取而代之的是雇佣的政府官员或是官僚。

陆军、海军，还有国内行政管理，处处都要钱，开销非常大。如此问题就来了，到哪里去搞钱呢？

在中世纪，金银是罕见物品。正如之前我讲过的，普通人一辈子也见不到金币。只有大城市的居民才熟悉银币这种东西。美洲的发现，以及后来对秘鲁矿山的开采改变了这一切。贸易的中心从地中海转移到了大西洋沿岸。意大利古老的"商业城市"失去了贸易重镇的地位，取而代之的是"商业国家"，金银不再是罕见玩意儿。

通过西班牙、葡萄牙、荷兰和英格兰，稀有金属开始源源不断地涌入欧洲。16世纪也有自己的政治经济学作家，他们各自总结出一套民族财富理论。在他们看来，这些理论都非常合情合理，能够给各自的国家带来最大的利益。他们认为金银都是实实在在的财富，因此谁家的国库和银行里拥有的现金最多，谁就是最富有的国家。有了金钱，就能养军队，因此最富有的国家也就是最强大的国家，可以统治全世界。

我们将这套体系称为"重商主义"，当时的人们毫不质疑地接受了这一观点，就像早期的基督徒相信奇迹一样，也像如今的美国商人相信关税的魔力一样。重商主义的现实操作模式如下：稀有金属要有盈余，该国就必须实现出口贸易顺差。如果你出口到邻国的东西多，而从邻国进口的东西少，对方国家就欠你的钱，必须付给你金子，这样你就赚了，他就亏了。这一信念执行的结果就是，17 世纪几乎所有的国家的经济计划都如下所示：

1. 尽可能地多占有稀有金属。

2. 鼓励对外贸易，而非国内贸易。

3. 鼓励那些加工原材料，出口成品的行业。

4. 鼓励生育，工厂需要工人，而农业社会养活不了足够的工人。

5. 国家监督整个过程，在有必要的时候进行干预。

16 世纪和 17 世纪的人并不认为国际贸易和自然力量有相似之处，并不认为国际贸易必须遵守某些人力不可摆布的规律，所以他们想要通过正式法令、皇家法律和政府方面的金融援助来调节控制商业。

16 世纪，查理五世采取了这种重商主义（在当时还是新鲜事物），在自己的多个属地执行。英格兰的伊丽莎白女王进行了效仿，查理五世很是得意。法国的波旁王朝，特别是国王路易十四，简直就是这一学说的狂热追随者。路易十四的财政大臣柯尔贝尔成为了重商主义的提倡者，整个欧洲都以他马首是瞻。

克伦威尔的整个外交政策贯彻的都是重商主义，针对的就是富有的对手荷兰共和国。荷兰是欧洲商品的运货商，对他们有些自由贸易的倾向，必须不惜一切代价加以摧毁。

显然，这样的体系肯定会影响到殖民地。重商主义之下的殖民地不过是金银和香料的来源地，为母国输送利益。亚洲、美洲和非洲的稀有金属，以及热带国家的原材料成为了碰巧拥有这些殖民地国家的垄断产业。外来者不允许踏进雷池半步，当地人也不允许与非母国的商人做生意。

当然，在重商主义的驱使下，某些从来没有制造业的国家发展起了新兴产业；道路和运河都修建起来了，交通更加便利；工人需要有更好的手艺，商人的社会地位提高了，而庄园贵族的势力削弱了。

另一方面，重商主义带来了沉重的苦难。殖民地的当地人遭到了无耻的剥削。母国公民的命运甚至更为恐怖。重商主义在很大程度上使得每片土地都成了荷枪实弹的军营，这个世界上的国家各自为营，都在谋求各自的利益，同时又想摧毁邻国的势力，夺取他们的财富。重商主义非常看重财富，"有钱"成为了普通公民的唯一美德。各种经济体系更换频繁，就像女性服饰的潮流变化一样。到了 19 世纪，一种自由公开的竞争体系取代了重商主义。也许没有，但据说是这样的。

美国的独立

18世纪末,欧洲听说北美大陆的荒野中发生了怪事。祖辈在英格兰惩罚了坚持"君权神授"的国王查理,如今他们则在试图建立自治政府的斗争中写下了新篇章。

为了方便起见,现在我们要回到几个世纪之前,回顾一下争夺殖民地的早期历史。

在三十年战争期间以及战争结束之后,以新的民族利益或是王朝利益为基础,数个欧洲国家应运而生。在商人的资本和贸易公司船只的支持下, 这些国家的统治者继续在亚洲、非洲和美洲争夺疆土。

西班牙人和葡萄牙人在印度洋和太平洋探险了一个多世纪之后,荷兰和英国才登上了探险的舞台。后来者反而占有优势。最开始的艰难工作已经完成了,而且最开始来到亚洲、美洲和非洲的航海人并不受当地人待见,但后来的英国人和荷兰人却被视作朋友和解救者受到了欢迎。英国人和荷兰人并没有什么高人一等的美德,他们的第一身份就是商人,他们不允许宗教因素干扰实际生活中的判断。第一批欧洲人在接触到弱小民族时都非常残忍,而英国人和荷兰人却是例外,他们要理性得多,知道该在哪里收手。只要能够拿到金银、香料和税收,他们就放任本地人自由地生活。

　　这样一来,英国人和荷兰人就获得了世界上最富有的地区。等到各自安顿下来之后,英国人和荷兰人因为想要争夺更多的殖民地打了起来。奇怪的是,殖民地之战并非是在殖民地的领土上展开的,双方在3000英里之外的海上打起了海战。"统领海洋的国家也统领陆地",这是古代和近代最为有趣的准则之一(也是历史上少有的可信赖的法则之一)。这一法则一直都灵验,但现代飞机的出现可能改变了海洋的地位。然而,18世纪是没有飞行器的,正是英国海军为英格兰赢得了大片的美洲、印度和非洲殖民地。

　　17世纪英格兰和荷兰之间的系列海战并不是我们现在要讨论的话题。两者势力悬殊,自然是强者胜出。但英格兰和法国(英国的另一劲敌)之间的战争就重要得多了,最后强大的英国海军战胜了法国海军,但前期战争是在美洲大陆上进行的。在这片广袤的土地上,白人们在这里发现了很多前所未见的东西,法国和英格兰看见什么,就宣布归为己有。1497年,卡伯特登陆北美,27年后,乔瓦尼·韦拉扎诺①来到了北美海岸线。卡伯特为英国效力,而韦拉扎诺则在法国旗帜下航行。英格兰和法国都宣称自己是整片北美大陆的拥有者。

17世纪,在现在的缅因州和南北卡罗莱纳州之间,英国已经建立起10个小的殖民地。这些地方成了英国某些非国教信徒的避难所,比如说清教徒在1620年到达了新英格兰,还有贵格会信徒在1681年到达了宾夕法尼亚。这些都是很小的拓荒者社区,聚集在距离海岸很近的地方,这里远离王室的监督和干涉,在更为幸福的环境中,他们建起新家,开始了新的生活。

而法国的殖民地却一直都为皇家所有。法国人不允许胡格诺派信徒也就是新教徒去往殖民地,害怕他们危险的新教教义污染了印第安人的心灵,也担心他们会干扰耶稣会神

---

① 乔瓦尼·达·韦拉扎诺(Giovanni da Verrazano,1485年—1528年),是一位在北美洲从事发现活动的意大利探险家,主要为法国国王效力。

父的传教工作。因此,英国人殖民地的基础就比邻居兼对手的法国殖民地健康得多。英国殖民地表现了英国中产阶级的商业活力,而法国领地上居住的人是国王跨越重洋的仆人,他们只要一有机会就想回国。

　　然而在政治上,英国殖民地的地位就很不尽如人意了。法国人在16世纪发现了圣劳伦斯航道的出口,他们从五大湖区一路往南,沿着密西西比河往下,在墨西哥湾修建了几处防御工事。一个世纪的探险建设之后,60个法国堡垒沿路阻断了英国大西洋沿岸殖民地往内陆发展的线路。

　　英国不同的殖民公司得到的是"从东岸到西岸"的政府拨地。听起来没错,可在现实中,法国的堡垒就是英国殖民疆土的边境线。要想打破这道障碍也是可行的,但需要人力和物力,需要进行一系列的边境战争,双方都要在印第安人部落的帮助下屠杀自己的白人邻居。

　　斯图亚特王朝在位之际,英法之间无战争之虞。斯图亚特王朝想要建立贵族政府,想要击败议会的力量,他们需要波旁王朝的帮助。但是,1689年,斯图亚特王朝的最后一任国王从英国国土上消失了,继位的是荷兰的威廉,路易十四的大对手。从那一刻开始,英法争夺印度和北美的殖民地,战事不断,一直持续到1763年《巴黎和约》签订。

我已经讲过了,在这些战事中,英国海军自然是击败了法国海军。法国属地与母国之间的联系被切断了,法国丧失了大多数的殖民地,等到战事了结之时,整个北美大陆都落到了英国人的手里,蒂埃、山普伦、拉萨尔、马凯特,以及二十位其他法国探险家的伟大探险活动都成了为他人作嫁衣裳。

　　这片广袤的土地只有很小的一部分有人居住。清教徒于1620年登陆马萨诸塞,他们是教义非常严格的清教徒,无论是在圣公会的英国还是在加尔文主义的荷兰都找不到幸福。从北部的马萨诸塞到南部的卡罗莱纳和弗吉尼亚(完全是为了烟草利润而开创的烟草种植地区)这一条窄窄的线上有人烟,且人口稀少。但是生活在这片蓝天之下,呼吸着清新空气的人们和母国的同胞们大为不同。在荒芜之地,他们学会了独立和自立。他们的祖辈都是坚忍不拔、精力充沛之人。当时,懒惰胆怯的人是不会远渡重洋去往他乡的。前往美洲的殖民者受到了母国的约束和限制,他们在母国生活得很不愉快,他们想要成为自己的主人。而英格兰的统治阶层似乎并不能明白这一点。英国政府惹恼了殖民者,他们讨厌受约束,于是开始了反击,也就惹恼了英国政府。

　　反感的情绪越演越烈。如果英国国王乔治三世英明一些, 如果国王没有那么放任首相诺斯勋爵的散漫和漠不关心，事态有可能大不一样，但我们在这里就无需多言了。事实就是，英国在美洲的殖民者发现和平争论不能解决问题，就拿起了武器。他们不再是忠心耿耿的子民，他们造反了。当时德意志的王公贵族对外出租自己的部队，竞价最高者得之，乔治三世出了高价，雇佣了德意志士兵为他打仗，一旦这些士兵抓住了造反者，就会处以死刑。

英国和英国在美洲的殖民地之间的战争持续了7年。这7年期间，大多数时候，造反者最终获胜的机会看起来都比较渺茫。很多人，特别是城市里的人都还忠于国王，他们想要和解，愿意祈求和平。但是，伟人华盛顿守护了殖民者的事业。

他得到了几位勇敢之人的鼎力相助，指挥装备很差却是坚定不移的军队，削弱了国王军队的力量。一次又一次，败局似乎已定，他却用兵如神，扭转战局。他的部队常常都饿着肚子，冬天，他们没有御寒的鞋子和外套，不得不居住在风吹雨打的壕沟里。但是这些士兵对他们的伟大领袖有着绝对的信任，他们坚持不懈，最终取得了最后的胜利。

华盛顿领导了一场场的战役，本杰明·富兰克林在欧洲进行外交斡旋，从法国政府和荷兰银行家兜里掏钱，这些都非常有趣，但更为有趣的是革命早期发生的一件事。不同殖民区的代表聚集在了费城共商大事。这是美国独立战争的第一年。当时海岸线上大多数大城镇都还在英国人手里。从英格兰出发的援兵坐着战舰来到了北美洲。在这种情况下，只有坚信独立是正确之路的人才有勇气做出 1776 年 6 月和 7 月的那些重大决定。

6月，弗吉尼亚的理查德·亨利·李给大陆会议提出一项提议，"这些联合的殖民地区，按照权力应该是自由独立的州，不效忠于英国王室，这些殖民地和大英王国之间的所有政治联系都应该完全解除"。

这项提议得到了马萨诸塞州的约翰·亚当斯的支持，7 月 2 日就开始执行。到了 7 月 4 日，《独立宣言》正式发表，这份宣言是由托马斯·杰弗逊起草的。托马斯·杰斐逊精通政治和政府管理，严谨能干，注定要成为美国最著名的总统之一。

这一消息传到了欧洲，后来又传来了殖民者最终获胜的消息，而且还颁布了著名的《1787 年宪法》（第一部成文宪法），欧洲人对此大有兴趣。17 世纪大宗教战争过后发展起来的高度集权的王朝体系已经到达了权力的顶峰。在欧洲，国王的宫殿巨大无比，而皇城周围贫民窟面积也在迅速增加。贫民窟里的居民已经显现出躁动不安的迹象，这些人非常绝望。上流社会，也就是那些贵族和专业人士也开始对当前的经济和政治条件产生了一些疑虑。美洲的殖民者获得了成功，他们从中悟到一个道理，那就是很多不久之前被认为是不可能的事情，完全是有可能办到的。

用那位诗人的语言来说，打响列克星敦战役的枪声"响彻全世界"，这有点夸张了。中国人、日本人和俄国人（更不要说澳大利亚人了，库克船长不久前才再次发现了澳洲，他得到的回报是被杀死了）根本就没有听到这声枪响。但这枪声越过了大西洋，登陆了欧洲大陆群情愤懑的火药库。在法国，这声枪响引发了大爆炸，震撼了从彼得格勒到马德里的整个欧洲大陆，扔下了几吨重的民主砖头，埋葬了老式的治国和外交方式。

法国大革命

　　法国大革命向全世界宣布了自由、博爱和平等的原则。

　　在谈论革命之前，我们先来解释一下革命这个词是什么意思。按照一位伟大的俄国作家的说法，革命就是"在几年的时间里，快速瓦解花了数个世纪在这片土壤里生根发芽的制度，这些制度看似牢不可破，即使是最激进的改革者都不敢落笔攻击这些制度。革命就是在短期内击垮迄今为止在某个国家中组建了社会、宗教、政治和经济生活的所有根基"。

　　18世纪，法国旧的文明已经陈腐不堪，于是就发生了这样一场革命。路易十四在位期间，说一不二，他就是国家。王公贵族曾是联邦国家的公仆，到头来却无所事事，成了皇宫的社交附庸。

然而，18世纪的法国开销却相当惊人。钱必须从税收中来，不幸的是，之前法国的国王一直都不够强大，没能让贵族和神职人员都缴纳税款。于是税赋就全部落在了法国农业人口的头上。农民们住在阴暗潮湿的窝棚里，已经不再能够直接见到他们的地主，同时沦为残忍的地产经纪人迫害的对象。他们的境况每日愈下，当然不会努力劳作了。而且土地的收成更多就意味着赋税更重，自己却什么都得不到，所以他们尽可能地懈怠田间劳作。

于是，法国的国王表面辉煌，信步走在宽阔的宫殿大厅里，身后跟着谄媚的寻求官职的人，所有的这些人都靠着从农民身上搜刮的税收养活，而农民的境遇已经和耕地的牲畜无异了。这样的画面看上去一点也不美，但这就是事实。然而，所谓的"旧秩序"还有另外一面，我们也不能忽略。

富有的中产阶级和贵族之间关系紧密，通常都是通过富有银行家的女儿和贫穷男爵的儿子之间联姻而成，宫廷里出入的都是法国最有趣的人，这一切都将优雅的生活方式推到了制高点。举国上下最聪明的大脑不能思考政治经济的问题，于是百无聊赖之时，他们就开始讨论抽象概念。

思维方式和个人举止的风向也同服饰的变化一样，容易走向极端。当年最矫揉造作的团体突然也对他们认为的"简单生活"产生了极大兴趣。法国(本土、殖民地及其属国)的绝对拥有者——国王和王后带着众人住进了滑稽的乡村房子，打扮成了挤奶女工和马童，还装扮成古希腊山谷之间无忧无虑的牧羊人。在他们的周围，侍臣跳舞邀宠，宫廷乐师献上可爱的小步舞曲，御用理发师设计的发型越来越复杂昂贵，最后因为实在是无事可干，无聊烦闷，凡尔赛王宫这个虚伪世界里谈论的都是最远离他们实际生活的话题。

伏尔泰是一位勇气可嘉的哲学家、剧作家、历史学家和小说家，他是所有宗教和政治暴政的劲敌。他开始攻击法国现有体制中的每一样东西，这时整个法国都为他鼓掌，他的戏剧大受欢迎，所有的观众都只能买站票。让-雅克·卢梭多愁善感地描述了原始人的生活，给他同时代的人带来了一幅原始人在这个星球上幸福生活的愉快画面(事实上他对原始人一无所知，他对儿童也知之甚少，可却是公认的儿童教育权威)，整个法国都在拜读他的《社会契约论》，书中的国王就是国家，国家就是国王。他们听到卢梭呼吁回归国家权力在人民手中、国王只是人民公仆的幸福年代，个个都流下酸楚的泪水。

孟德斯鸠出版了《波斯人信札》一书，在这本书中两位杰出的波斯旅行家把法国现有社会搞了个天翻地覆，上至国王，下至国王手下最底层的六百位糕点师，都被嘲弄了一番，这本书立刻印刷了四次，为作者的著作《论法的精神》带来了成千上万的读者。在《论法的精神》这本书中，孟德斯鸠这位高贵的男爵将优秀的英国制度与落后的法国制度进行了比较，他提倡用行政、司法和立法三权分立的国家代替绝对的君主体制。后来，巴黎的书商勒布勒东宣布狄德罗①、达朗贝尔②、杜尔哥③和其他二十位著名作家要出版一套百科全书，书中将会涵盖"所有的新理念、新科学和新知识"，公众对此的反应让人极为满意。22 年后，这套 28 卷的百科全书面世了，对当时的局势做出了最为重要但也非常危险的讨论，警察的干预姗姗来迟，法国社会对这本书的热情已经无法抑制。

　　我要在这里提醒一下你。你读到一本法国革命的小说，或是看到有关它的戏剧或电影，很容易觉得法国大革命是巴黎贫民窟暴民的杰作，实际上完全不是这么一回事。暴民经

---

① 狄德罗（Denis Diderot，1713 年—1784 年），法国启蒙思想家、唯物主义哲学家、作家，百科全书派的代表人物。
② 达朗贝尔（d'Alembert，1717 年—1783 年）法国著名的物理学家、数学家和天文学家。
③ 杜尔哥（Turgot，1721 年—1781 年），法国政治家和经济学家。

常出现在革命的舞台上，但无一例外都是在中产专业人士的煽动和领导之下，中产者让这些饥肠辘辘的群众成为自己的高效联盟军，来对抗国王和他的宫廷。引发了这场革命的基本概念来自数位头脑敏锐之人。一开始，他们被引荐到了"旧体制"的迷人沙龙中，为陛下宫廷里百无聊赖的淑女和绅士提供无害的消遣，这些人喜欢娱乐，漫不经心，消遣着社会批评的危险焰火，最后火花落在了地板的裂缝上，地板如同整个建筑一样，都已陈旧腐败。很不走运，火花落在了地下室里，地下室里胡乱堆放着多年的垃圾。接着就听到"着火了"的呼喊声。这栋房子的主人凡事都感兴趣，可就是对管理财产一无所知，他根本不知道该如何扑灭这一小处的火警。火势很快就蔓延开了，整座大楼都燃起了熊熊大火，这就是我们所说的法国大革命。

为了讲述方便，我们可以把法国革命分为两个阶段。第一阶段是1789年到1791年，在这期间人们或多或少还是有序地想要引入君主立宪这一体制。目标没能实现，部分原因是因为君主缺乏诚意而且愚蠢，还有部分原因就是局势的发展已经不可控了。

第二个阶段是1792年到1799年，人们成立了共和国，并且想要建立一个民主政府。但经历了多年的动荡，多年诚心却无效的改革尝试之后,暴乱终于爆发了。

当年法国政府欠债达到了400亿法郎,国库空虚,而且已经没有办法再设立新的税收科目,好好先生国王路易(是个精湛的锁匠,出色的猎手,却是个非常糟糕的政治家)也懵懵懂懂地觉得该有所作为了。于是他招来了杜尔哥,请他做自己的财政大臣。德·奥尔纳男爵安尼·罗伯特·雅克·杜尔哥60出头,是正在快速消失的地产贵族的杰出代表,曾经成功担任了外省总督的职务,他是一位能力出众的业余政治经济学家。杜尔哥尽其全力,不幸的是,他也无法创造奇迹。农民早已穷困不堪,多一分钱的赋税也拿不出来了,而贵族和神职人员一分钱的税款都没有缴纳过,有必要从他们身上筹钱了。这一来,杜尔哥就成了凡尔赛王宫的众矢之的。而且,他还不得不面对王后玛丽·安托瓦内特的敌意,如果有人胆敢在她的面前提到"节俭"这两个字,那必定要成为她的敌人。很快,杜尔哥就有了"不现实的空想家"和"理论教授"的称号,他当然位置不保,1776年,杜尔哥被迫辞职。

在"理论教授"之后上台的是一位有实际商业头脑的人。他是一位勤勉的瑞士人,名叫内克尔,靠着投机粮食和合伙经营国际银行发家致富。他的妻子野心勃勃,撺掇他从政,这样就能给女儿挣得社会地位，后来他的女儿嫁给了瑞典驻巴黎的公使德·斯特尔男爵，成为了19世纪早期文学界的著名人物。

就像杜尔哥一样，内克尔热忱地开始了工作。1781年，他公布了一份针对法国财政的细致评估。国王完全看不懂这种报告。他刚刚派出军队前往美洲，帮助殖民者对付他们共同的敌人，也就是英国人。这次出兵耗资巨大，内克尔得为军队寻找必需的资金。他没能拿出更多的税收，而是公布了数字，搬出了数据，开始发出有关"必要节俭"的沉闷警告，于是他在台上的日子也是屈指可数了。1781年，他因无能而被解除职务。

教授下台了，实际的生意人也下台了，接着上任的这位财政大臣非常讨人喜欢，他说，如果大家相信他万无一失的制度，他就能保证每个人的钱每个月都能得到百分之百的回报。

他就是查尔斯·亚历山大·德·卡洛讷，一心想要往上爬的政府官员，靠着自己的勤奋努力、不择手段和撒谎欺骗一路走了上来。他发现这个国家负债累累，但他是机灵人，想要讨好所有的人，于是他发明了一种快速补救的方法。他签下新债，偿还旧债。这并不是什么新鲜的做法，自古以来这样做都会带来灾难性的后果。不到3年的时间，法国政府的债务就增加了8亿法郎，这位财务大臣魅力十足，无论陛下和可爱的王后提出什么样的要求，他都不担心，只是微笑地签上自己的大名。可爱的王后陛下青年时代在维也纳早就养成了奢靡的生活习惯。

巴黎国会（这是最高法庭，而非立法机构）并不缺少对君主的忠心，到了后来也觉得该有所行动了。卡洛讷还想要借贷8000万法郎。这一年庄稼收成很不好，农村地区民不聊生，人们忍饥挨饿，情况非常严重。必须采取理智的行为了，否则法国政府就会破产。国王则是一如既往地毫不知情。咨询一下民众代表难道不是个好法子吗？自从1614年之后就再也没有召开过三级会议。看到危机步步紧逼过来，人们发出了召开三级会议的呼声。然而从来不做决定的路易十六却拒绝走出这一步。

为了平息民怨，他于1787年召开了名人会议。这意味着什么呢？不过是法国的显贵家族聚集在一起，讨论一下能做什么、该做什么，可是绝对不会侵犯封建贵族和神职人员免交税赋的特权。想要期待这样的阶层为了其他同胞公民的利益做出政治和经济上的自杀行为，那就是痴心妄想了。与会的127位名人顽固不化，拒绝放弃任何一项古老的权利。大街上饥肠辘辘的人群要求重新任命他们信任的内克尔作为财政大臣。名人会议的答复是"不行"。街上的人群开始打砸窗户,并做出其他各种不得体的行为。名人们逃跑了。卡洛讷被解除了职务。

接着平淡无奇的红衣主教梅尼·德·布里耶纳上台成为了新的财政大臣。路易的子民饥饿难耐,发出了疯狂的威胁,迫于压力,国王路易十六同意"在可行的条件下,尽快"召开三级会议。听到这样似是而非的许诺,当然是没人满意。

这一年的冬天是近一个世纪里最寒冷的。田里的庄稼要么就被洪水淹没了,要么就冻死了。普罗旺斯的橄榄树都冻死了。虽然有私人救济在帮助灾民,可是对于1800万灾民而言,无异于杯水车薪。全国各地都在哄抢粮食。如果是上一代人面临这样的情况,还可以出动军队进行镇压。可是新派哲学已经显现出成功,人们开始明白枪支解决不了饥肠辘辘的问题,甚至士兵也靠不住了(他们来自民众)。国王必须有所具体的行动来挽回民心了,但他再次犹豫了。

在外省的某些地区,新派哲学的追随者创建了小范围的共和国。连忠诚的中产阶级也发出了"无代表不纳税"的呼声(25年前北美反叛者喊出的口号)。法国即将陷入大混乱状态。为了安抚民众,挽回王室形象,政府出人意料地取消了之前严厉的图书审查制度。这一下,法国铺天盖地都是各种印刷品。无论身处高位还是身份卑微,所有的人都在批评他人,所有的人都被他人所批评。出版的小册子超过了2000册。在泛滥滔天的指责声中,德·布里耶纳下台了。政府赶忙召回内克尔,让他尽力安抚全国范围内的躁动骚乱。股市立刻上涨了百分之三十。在一段时期内,大众停止了指手画脚的评论。1789年5月将要召开三级会议,届时整个国家的智慧聚集在一起,这样就能很快解决当前的难题,将法国重建为一个幸福健全的国度。

民众普遍认为全国的智慧聚集在一起就能解决难题,这一观点带来了灾难性的后果。在特别关键的时期里,这种观点制约了个人能力的发挥。内克尔没有在关键时刻抓紧政务,而是任其自由发展。因此人们又开始新一轮声色俱厉地讨论该如何改革国家。全国各地的警力都大大削弱了。在职业煽动家的带领下,巴黎郊区的民众逐渐领悟到自己具备的力量,开始扮演有史以来所有骚动中民众的角色,他们成为了革命实际领导人手中的残忍力量,这些领导人支配这股力量来谋求使用合法方式无法获得的东西。

为了安慰农民和中产阶级,内克尔决定让他们在三级会议中有双倍的代表人数。神父西哀士①写了一本著名的小册子《何为第三等级？》，在这本小册子里，他得出了第三等级（中产阶级的名号）应该代表一切的结论，在过去，第三等级什么都不是，现在第三等级想要得到一些东西。他表达了当时大多数关心国家利益的人的情感。

到了最后，选举在难以想象的恶劣条件下进行了。选举结束后，当选的308位神职人员、285位贵族和621位第三等级的代表收拾行装，出发前往凡尔赛。第三等级的代表还额外带上了很多报告记录，其中很多都是选民写下的申诉和抱怨。拯救法国的舞台已经搭好，马上就要上演最后一幕大戏。

三级会议在1789年5月5日召开了。国王心情不佳。神职人员和贵族放出话来，说他们不打算放弃任何一项特权。国王下令各级代表在不同的房间开会，各自讨论自己的苦处。第三等级的代表拒绝接受这一王令。1789年6月20日，他们在网球场（为了这次非法集会专门搭建而成）庄严宣誓，坚持要贵族、神职人员和第三等级一起开会，他们把决定告诉了国王陛下。国王让步了。

---

① 埃马纽尔·埃贝·西哀士（Emmanuel Abbe Sieyes，1748年—1836年），一译西哀耶斯，法国资产阶级革命时期政治活动家。

作为"国民大会",三级会议开始讨论法兰西王国的体制。国王生气了,但他再次犹豫不定,他说他绝不会放弃国王的绝对权力,接着就打猎去了,一下就忘记了国家体制的事情,等到围猎回来,他又让步了。他总是在错误的时间,用错误的方法做正确的事情。人民呼喊着想要 A 这件东西,国王一顿训斥,什么都不肯给他们。接着,等到穷人聚集在一起,围着他的皇宫嚷叫之时,他就让步了,把子民们想要的东西给了他们。可到了这个时候,人们想要的不仅仅是 A 了,他们还想要 B。闹剧就这样重复下去。等到国王陛下签署圣旨,赐给他深爱的子民 A 和 B 之时,他们已经在威胁要将王室斩尽杀绝,除非国王还同意给他们C,就这样,人们的要求不断增多,最后国王走上了断头台。

不幸的是国王总是慢半拍,而他自己根本就不了解这一点。等到自己把头放在断头台上的时候,他还觉得满腹委屈,自己已经倾尽能力去关爱子民,却受到了这样不公的待遇。

正如我常常提到的,历史上的"如果"是毫无价值的。我们轻易就可以说,"如果"路易十六能力再强一点,心肠再狠毒一点,那法国的君主制就可能保留下来。但国王并非一个人。即使他拥有拿破仑的魄力,身处这样危难的时刻,他的妻子也有可能毁了他的事业。他的妻子是奥地利玛利亚·

特里萨的女儿，长在最具贵族气质和中世纪特征的宫廷中，拥有一个年轻女子所有的美德和恶习。

　　这位王后决定必须有所行动，于是计划了一场反革命行为。内克尔突然被解除了职务，皇家军队也被召唤到了巴黎。人民群众听到这个消息，蜂拥来到了巴士底狱，群起而攻之。到了1789年7月14日，他们摧毁了人人都知道的巴士底狱，这座遭人憎恶的专制象征建筑早就没关押政治犯了，里面关押的是小偷和入室盗窃犯。许多贵族得到消息，明白事态不利，纷纷离开了法国。但国王还是一如既往地无作为。人群攻占巴士底狱的那一天，他在狩猎，打死了几只鹿，心情非常愉快。

　　国民大会开始工作，到了8月4日，在巴黎民众不绝于耳的口号声中，他们废除了贵族和神职人员所有的特权。到了8月27日，著名的《人权宣言》出台了，这就是法国第一部宪法的序曲。事情到了这一步，还没有完全失控，但王室显然还没有吸取教训。人民群众都在怀疑国王想要阻挠改革，结果到了10月5日，巴黎爆发了第二次暴动。暴动波及了凡尔赛宫，人们把国王带回了巴黎的宫殿，暴动才又平静下去。把国王放在凡尔赛，人们不放心，他们要把国王放在可以监控的地方，他们要控制国王与维也纳、马德里以及欧洲其他王室之间的信件往来。

与此同时，在国民大会上，已经成为第三等级领袖的米拉波开始整顿混乱的局势。可是他还来不及于水生火热中挽救国王，就在1791年4月2日去世了。国王开始担心自己性命不保，6月21日这一天，他想要逃跑。可是在瓦雷纳村子附近，国民警卫队的人认出他就是肖像印在硬币上的国王，于是他又被带回了巴黎。

1791年9月，法国第一部宪法出台了，国民大会的与会者完成了使命，解散回家了。到了1791年10月1日，立法大会聚集在了一起，继续国民大会的工作。这次的大众代表中有很多极端的革命分子。其中最胆大冒进的就是雅各宾派，因其在古老的雅各宾修道院举行政治会议而得名。这些年轻人（其中大多数都是专业人士阶层）发表非常暴力的演说，这些演讲登载在报纸上传到了柏林和维也纳，普鲁士国王和奥地利皇帝决定他们必须做点什么来拯救自己的兄弟姐妹。当时，他们正忙着瓜分波兰，波兰的政治分歧引发了混乱，整个国家陷入风雨飘渺之中，谁都可以来分得一杯羹。但他们好歹还是派出了一支军队入侵法国，解救国王。

整个法国都沦陷在一片恐慌之中。这么多年的饥饿和苦难，人们可怕的情绪累积到了最高点。巴黎的暴民对杜伊勒里宫发起了攻击,忠于王室的卫兵竭力捍卫他们的主人,可是无法下定决心的路易十六在人群开始撤退之际,下令"停止射击"。鲜血、喧闹和廉价的葡萄酒早就让人群丧失了理智,他们杀死了所有的瑞士人卫队,冲进了王宫,在会议大厅抓住了路易十六,当即宣布剥夺他的王位,随即将他押到了圣殿老城堡,于是国王成了阶下囚。

但奥地利和普鲁士的军队还在前进,恐慌情绪转变成了歇斯底里的兴奋,男人和女人都变成了残忍的野兽。1792年9月的第一周,人群攻进监狱,杀死了所有的囚犯,政府没有干预。丹东领导的雅各宾派知道这是革命成败与否的关键时刻,只有最残忍的厚颜无耻才能拯救自己。立法大会闭会,1792年9月21日,新的国民公会召开了,与会成员几乎全都是极端的革命分子。国王被控犯了叛国罪,受到了国民公会的审判,最终以361票对360票被判有罪,其中关键的一票就是他的堂兄奥尔良公爵投出的。国王被判死刑。1793年1月21日,他平静而不失尊贵地走向了断头台。他始终没有弄明白人们这样打杀吵闹是为了什么。他也过于孤傲,不肯向人求教。

之后,雅各宾派转而攻击公会中的稍微温和的吉伦特派成员,他们来自南方的吉伦特省,因此而得名。特殊的革命法庭成立了，吉伦特派21位领导人物被判死刑。其他的人自杀身亡。吉伦特派成员诚实而有才华，但他们太理性太温和，无法在这恐怖的岁月中幸存下来。

1793年10月，雅各宾派暂停宪法，要等"应该宣布和平之际"才会恢复。所有的权力都到了公共安全委员会一小撮人的手里，其领导人是丹东和罗伯斯庇尔。他们废除了基督教和老历法。"理性的时代"（美国独立战争期间，托马斯·潘恩曾经妙笔生花地写过这个话题）已经来到，伴随而来就是持续了一年多的"恐怖统治"，每天都有七八十人脑袋落地，其中有坏人，有好人，也有对革命无动于衷的人。

国王的专制统治的确是被摧毁了，取而代之的是几个人的专政，他们对民主是如此"热爱"，如果有人不同意他们的意见，他们就觉得必须斩草除根。法国变成了屠宰场，人人都在疑心他人，人人自危。上一次国民大会的几位与会者知道下一个上断头台的就是他们了，完全处于恐惧之中，他们终于转而反对罗伯斯庇尔了。罗伯斯庇尔已经将之前大部分与他共事的人斩首了，这位"唯一的真正的纯正的民主党人"试图自杀，却没有得逞。子弹只是击碎了他的下巴，人们匆忙包扎了他的伤口，拖着他上了断头台。1794年7月27日（根据革命的奇特历法，那就是第二年热月的9号），恐怖统治走到了尽头,整个巴黎欢欣起舞。

但法国还处在危难当中,在革命的敌人被彻底清除出法国领土之前,政府权力有必要留在少数几个强有力的人手中。衣不蔽体、食不果腹的革命军队在莱茵河、意大利、比利时和埃及浴血奋战,击败了大革命的所有敌人,与此同时,督政府的5位督政官上任,统治了法国4年的时间。后来权力落到了一位出色的将军手中,这位将军的名字就是拿破仑·波拿巴,他在1799年成为了法国的"第一执政"。之后15年的时间里,古老的欧洲大陆成为了数个政治试验的实验场,这是前所未有的事情。

拿破仑

　　拿破仑出生于 1769 年,是卡洛·玛利亚·波拿巴的第三个儿子。老波拿巴是科西嘉岛阿雅克修城里一位诚实的公证人,他娶了一位好妻子,名叫莱蒂齐亚·拉莫利诺。老波拿巴并不是法国人,而是意大利人,他所出生的科西嘉岛先后是希腊人、迦太基人和罗马人在地中海地区的殖民地,多年来一直都在抗争想要获得独立,最开始是摆脱了热那亚人,18 世纪中叶后又摆脱了法国人,之前法国人友善地帮助科西嘉人获得了独立,之后又为了自己的利益,占领了该岛屿。

　　年轻的拿破仑在生命最初的 20 年中,是一位职业的科西嘉爱国者,科西嘉岛的新芬党人,他对法国人深恶痛绝,希望自己深爱的国家能够摆脱法国人的桎梏。可是法国大革命出人意料地承认了科西嘉人的种种诉求,而拿破仑曾在布里耶纳的军事院校接受过良好的军事训练,慢慢地开始为他的第二祖国服务。虽然他从未学会如何拼写法文,而他说话也有浓重的意大利口音,拿破仑还是成为了法国人。最后他成了法国所有德行的最高表率,现在他依旧是高卢天才的象征。

拿破仑正是人们口中的高效率工作者。他的职业生涯只有不到 20 年的时间。在这段期间,他参加的战斗次数、打胜仗的次数、行军的英里数、征服的土地面积、杀死的人数、进行的改革数量,以及震动欧洲的程度都超过了有史以来所有的人,就是亚历山大大帝和成吉思汗也在他之下。

他个子矮小,小时候身体并不是特别好。他长相平平,很难让人刮目相看,直到去世之前,一旦出现在社交场合,他还是举止无措。无论是出生、教育或是财富方面,他都毫无优势。年轻时,大部分时间,他都非常穷,经常饿着肚子,非得花大心思才能找到几枚硬币揣在兜里。

他也没有什么文学天赋。他参加了里昂学院的文学竞赛,名列倒数第二名,一共有 16 位竞争者,他是第 15 名。但是,他坚信自己的命运,坚信自己会有辉煌的未来,坚信自己能克服所有的这些困难。野心就是他生命的主要动力。他在所有的来往信件中都签上了名字的首字母，大写的 "N"，在他仓促修建的宫殿中，这个字母反反复复地出现在装饰物品上。他一心想要让拿破仑成为这个世界上仅次于上帝名号的名字。他有强烈的自我意识，他崇拜自己名字的首字母，他有绝对的意识，所有的这一切让拿破仑走到世人所不能企及的名望顶端。

年轻时的波拿巴还只是一个拿一半薪水的中尉，他非常喜欢罗马历史学家普鲁塔克①撰写的《希腊罗马名人传》一书，但他从未想要师从这些古代英雄高水平的德行榜样。拿破仑似乎缺少那种让人有别于动物的体贴细腻的情感。拿破仑除了爱自己，还爱过别人吗？这就很难准确判断了。他对母亲彬彬有礼，但莱蒂齐亚本来就有高贵女士的风范，而且身为意大利母亲，她谙熟如何管教自己的孩子，知道如何赢得他们的尊敬。有几年的时光里，他喜欢约瑟芬，也就是他可爱的克里奥尔妻子。约瑟芬是马提尼克法国军官的女儿，德·博阿尔内子爵的遗孀。博阿尔内子爵和普鲁士人作战失利，被罗伯斯庇尔处以死刑。拿破仑称帝后，约瑟芬没能给他生下男性继承人，于是拿破仑就和她离了婚。出于政

---

① 普鲁塔克(Plutarch，约公元 46 年—120 年)，罗马帝国时代的希腊作家。

治考虑,他后来迎娶了奥地利皇帝的女儿。

　　在土伦围城战役中,拿破仑作为炮兵指挥官声名大噪,作战期间,他还仔细勤勉地研究了马基雅弗利①。他听从了这位佛罗伦萨政治家的意见,只要对自己有利,他绝不会遵守诺言。在他个人的字典里就没有"感恩"这个词。但同样他也没有期望别人对他感恩。他对人类的痛苦无动于衷。1798年,他在埃及处决了战俘,而之前他是答应饶他们不死的。在叙利亚,他发现无法将伤兵运到战船上,于是默许了用氯仿杀死了伤员。在他的命令下,一个带有成见的军事法庭宣判昂吉安公爵死刑,在有违所有法律的情况下,公爵被枪决了,唯一的理由就是要"给波旁家族的人一个警告"。德意志军官为祖国的独立而战,成为了拿破仑的战俘,拿破仑下令将他们就近枪决。提洛尔人的英雄阿德里亚斯·霍弗在一番顽强抵抗之后落到了他的手里,被当作普通叛徒处决了。

　　我们研究了这位皇帝的性格,就会明白为什么英国母亲在恐吓孩子上床睡觉时会说,"波拿巴早餐要吃小男孩和小

----

① 尼可罗·马基雅弗利,又译作马基雅维利(Macchiavelli,1469年—1527年),意大利政治思想家和历史学家。

女孩,如果他们不乖,波拿巴就来把他们抓走"。关于拿破仑我们已经说了很多坏话了,他是一位奇特的暴君,军队里每个部门都受到了他的精心关照,而他唯一忽略的就是医疗服务。因为忍受不了士兵的汗味,他在身上洒了好多科隆香水,把军装都给毁了;我还可以添上好多这样的坏话,他的确有很多坏话可说,但我内心对此还是有一些怀疑。

现在我舒舒服服地坐在书桌前,周围到处堆的都是书,眼睛看着我的打字机,余光则盯着我的猫甘草糖,这只猫非常喜欢复写纸。我在打字机上写下的内容是皇帝拿破仑是多么可鄙的一位人物。窗外就是第七大道,如果无尽的车水马龙突然停止,如果耳边突然想起战鼓的声音,如果那个小个子的男人穿着他的绿色旧军装出现在白色大马之上,我想,无论他指向何处,我怕是会离开我的书、我的猫、我的家,抛开所有的一切尾随他而去。我的祖父就是这样干的,他天生就不是当英雄的料。数百万人的祖父也这样干了。他们没有受到奖励,但他们本就没有想过要得到奖励。他们心甘情愿地为这位外国人献出了胳膊腿,甚至生命。这个外国人把他们带到远离家乡的千里之外,让他们走向俄国人、英国人、西班牙人、意大利人或是奥地利人的炮火之中,让他们在死亡的痛苦中挣扎,木然地瞪着天空。

你想知道为什么会这样？我也回答不出来。我只能猜测到其中的一个原因。拿破仑是最伟大的演员，整个欧洲大陆都是他的舞台。无论是何种时间，无论是何种情况，他都知道如何用最准确的态度来打动观众，他知道用什么样的话语来直戳人的内心。无论是在埃及的沙漠中，站在狮身人面像和金字塔之前，还是在意大利沾满露水的平原上面对瑟瑟发抖的士兵，他都是语言大师。无论何时，一切都在他的掌握之中。即使到了生命的尽头，他在大西洋一个孤岛上，病体沉重，任凭枯燥死板的英国总督摆布，他依然站在舞台的中央。

　　滑铁卢之战失败后，只有几个他信得过的朋友见过这位大皇帝。欧洲人知道他住在圣赫勒拿岛上，他们知道有一支英国卫戍部队日夜监视他，他们还知道有一支英国舰队守卫着监视这位皇帝的卫戍部队，而这位皇帝就住在岛上的朗伍德农场之中。但是，他的敌人和朋友都没有忘记他。疾病和绝望带走了这位皇帝，但他的目光还在默默地注视着这个世界。一百年之前，这个面色蜡黄的男人在俄国最神圣的克里姆林宫喂养马匹，他像对待男仆一样对待教皇和这个世界上的大人物，人们看到他就会晕过去，而今，他在法国的生活中依然是一股强大的力量，与当年无异。

　　简要概述一下他的一生就要两卷书的内容。如果要讲述他在法国的政治大改革,他颁布的为大多数欧洲国家采纳的新法典,还有他在公共各领域的活动,就会写上数千页的内容。但我只需要用几句话就能解释为什么他在事业的第一阶段是如此成功,而到了最后十年却失败了。从1789年到1804年,他是法国革命的伟大领导者。他不仅仅是为了个人的名誉而战。他打败了奥地利、意大利、英格兰和俄国,因为他本人和他的士兵是"自由、博爱和平等"这一新信条的信徒,是人民的朋友,宫廷的敌人。

　　但是在1804年,拿破仑自封为法国人的世袭皇帝,还请来教皇皮乌斯七世为他加冕。公元800年,利奥三世为法兰克人的另一位伟大国王查理曼大帝加冕,这一画面不断地出现在拿破仑的眼前。

　　一旦登上了宝座,这位昔日的革命首领就变了,他开始效攀哈布斯堡王室。他忘记了自己精神上的母亲,也就是雅各宾派的政治俱乐部。他不再是受压迫对象的捍卫者。他成了压迫者的首领,他的行刑分队随时都在待命,只要有谁敢违抗他的意愿,谁就会被处以枪决。1806年,神圣罗马帝国的最后一点残留物被送进了历史的垃圾堆,一个意大利农民的孙子毁掉了古罗马最后的一点辉煌,没有一个人因此而落泪。可是后来拿破仑军队入侵西班牙，迫使西班牙人承认他们厌恶的国王，屠杀了那些仍然忠诚于旧主的可怜的马德里人，公众舆论开始反对这位在马伦哥战役、奥斯特里茨战役，以及其他一百场革命战役中获胜的昔日英雄。从这一刻开始，拿破仑就不再是革命的英雄，而是旧体制下所有恶行的化身，只有这样，英格兰才能指挥快速蔓延的仇恨情绪，在这种情绪之下，所有的诚实之人都成了这位法国皇帝的敌人。

英国人一开始从报纸上了解到法国"恐怖统治"时期的可怕细节时，他们感到无比厌恶。一个世纪之前，他们就上演了自己的革命（在查理一世统治时期），比起法国的大骚动，英国的革命就是小菜一碟。在普通英国人看来，雅各宾党人就是人人得而诛之的恶魔，拿破仑则是头号恶魔。自从1798年开始，英国舰队就封锁了法国海域。因此，拿破仑没能按照原计划取道埃及进攻印度，在尼罗河沿岸取得一系列的胜利之后，他不得不忍气吞声地大撤退一次。最后到了1805年，英格兰终于抓住了等待已久的机会。

在西班牙西南海岸线靠近特拉法加角的地方，在对抗讷尔逊的海战中，拿破仑的舰队全军覆灭，再也没有了恢复元气的可能。从那一刻开始，这位皇帝就只能驰骋在陆地上了。

即使这样,如果他能够审时度势,接受各国提出的和平建议,他也能够继续保持欧洲大陆既成统治者的地位。但是,拿破仑沉浸在自我创造的辉煌中,他不认为有人可以与他相提并论,他不能容忍对手的存在。他的一腔仇恨转向了俄国——那片无边无际的神秘平原有着取之不尽的人力物力。

在叶卡捷琳娜二世的傻儿子保罗一世的统治之下,拿破仑还知道如何把握局势。可保罗一世越来越不靠谱,他的臣子忍无可忍,不得不杀死了他,他若不死,臣子们就都要被打发到西伯利亚的铅矿去了。保罗一世的儿子亚历山大沙皇同他父亲不一样,亚历山大对拿破仑这位篡位者没有好感,他认为拿破仑是人类的敌人,和平的永恒破坏者。亚历山大是一位虔诚的信徒,他相信是自己是上帝选中的拯救者,负责把世界从科西嘉人的诅咒中解救出来。他加入了普鲁士、英格兰和奥地利的阵营,可他吃了败仗。他5次迎战拿破仑,5次都吃了败仗。1812年,他再次奚落拿破仑,最后这位法国皇帝暴跳如雷,发誓要打到莫斯科签订和平协议。于是拿破仑劳师以袭远,在他的驱使之下,西班牙、德意志、荷兰、意大利和葡萄牙的部队极不情愿地朝北出发,只是为了能够血洗这位皇帝受到的侮辱。故事的结局是众所周知的了。行军两个月后,拿破仑打到了俄国的首都,在神圣的克里姆林宫建立了指挥部。1812年9月15日晚上，莫斯科发生了火灾，这场大火烧了4天。第5天夜晚降临之际，拿破仑下令撤退。两周之后开始下雪。军队在雨雪泥泞中艰难前进，11月26日，他们来到了贝尔齐纳河①，这时俄军的猛烈攻击开始了。在哥萨克人的围攻之下，"大军"已经溃不成军，成了一群乌合之众。到了12月中旬，第一批残余部队出现在了东部的德意志城市中。

即将发生叛乱的谣言纷纷而至。"时机已经到了，"欧洲人说，"我们要摆脱这副不堪忍受的桎梏。"虽然法国密探时时刻刻地紧盯着，但还是有火枪逃过了他们的眼睛藏了起来，人们找出了这些火枪。可是他们还没有弄明白到底发生了什么，拿破仑又带着一支新生军队回来了。他扔下战败的士兵，乘坐小雪橇火速赶回了巴黎，发出召集军队的最后呼吁，以捍卫法国神圣的疆土不受外国军队的侵犯。

他带着一支十六七岁的孩子组成的部队向东出发，迎战反法联军。1813年10月16日、18日和19日，可怕的莱比锡城战役爆发了，在这三天的时间里，身着绿色军服的小伙子们与身着蓝色军服的小伙子们殊死搏斗，最后易北河都被鲜

① 又译为别列津河。

血染红了。10月17日下午,俄国步兵的大批后备部队突破了法军防线,拿破仑逃跑了。

他回到了巴黎,宣布退位,要让幼子登基,但反法联军坚持要让已故国王路易十六的弟弟路易十八登上宝座。在哥萨克人和德意志枪骑兵的簇拥之下,两眼呆滞的波旁王室王子雄赳赳地进入了巴黎。

而拿破仑则成了地中海地区厄尔巴岛上的君主,在岛上,他把马童集合起来组合成了一个微型军队,在棋盘上作战。

拿破仑刚离开法国,人民就意识到了自己的损失。虽然在过去的20年中付出了巨大的代价,可那是无比辉煌的20年,巴黎是世界的首都。波旁王室的这位国王体态臃肿,在流放期间依然是毫无长进,恶习未改,很快他的懒惰无能就遭到了人们的厌恶。

1815年3月1日,反法联盟的代表们正准备重新清理欧洲的版图,拿破仑突然在戛纳附近登陆了。不到一个星期的时间,法国军队就抛弃了波旁王室,冲向南边,向这个"小个子下士"表忠心。拿破仑带兵直驱巴黎,于3月20日到达了巴黎,这一次,他更为谨慎,他提出议和,而反法联盟坚持要交战。整个欧洲都在反对这位"背信弃义的科西嘉人"。拿破仑立刻北进,想在对手会军之前一举击败他们。但拿破仑已经没有了昔日的雄风，他病了，非常容易感到疲劳。本应起床指挥先头部队的时候，他却在睡觉。而且他很多老部下都死了，他失去了左膀右臂。

6月初，他的军队进入了比利时境内。6月16日，他打败了布吕歇尔①麾下的普鲁士军队，但拿破仑的下属指挥官没能按照命令消灭对方败退的部队。

两天后，拿破仑在滑铁卢遭遇了惠灵顿。这一天是6月18日，星期天。下午2点的时候，法国人似乎已经取得了胜利。3点的时候，东方天际线出现了一团灰尘，拿破仑认为这是自己的骑兵赶来了，英军将会溃不成军。4点，事态明了了，原来是布吕歇尔这个老家伙骂骂咧咧，带着疲惫不堪的部下冲进了战斗的中心地带。这一突如其来的变故打乱了士兵的阵脚，拿破仑没有后援军。拿破仑吩咐士兵尽可能保住自家性命，他逃跑了。

他又宣布让位给自己的儿子。从厄尔巴岛逃出来才刚刚100天，拿破仑再次奔向海岸。他打算前往美国。1803年，仅仅为了一首歌，他就把法国的殖民地路易斯安那（当时

---

① 格布哈德·列博莱希特·冯·布吕歇尔（1742年—1819年），普鲁士王国元帅，在数次重大战役中名声远扬。

情况危急,眼看就要被英国人占领了)卖给了年轻的美利坚合众国。他说,"美国人应该对我心存感激,会给我一块地一栋房子来安度晚年"。但法国所有的港口都受到了英国人的监视。一边是反法联军,一边是英国战舰,拿破仑没有了选择。普鲁士人会一枪崩了他,英国人可能会慷慨些。他待在罗什福尔,希望事情能有转机。滑铁卢战役一个月后,法国新政府下令他必须在 24 小时之内离开法国领土。拿破仑是个出色的悲剧演员,他给英格兰的摄政王写了一封信,国王乔治四世正待在疯人院里。拿破仑在信里说,他愿意"祈求敌人的怜悯,像地米斯托克利①那样,希望能在对手的火炉旁找到安身之所……"

7 月 15 日,拿破仑登上了"伯勒罗丰"号,向霍瑟姆海军上校交出了佩剑,投降了。在普利茅斯,他转乘"诺森伯兰君"号,驶往了圣赫勒拿岛,在那里度过了人生最后 7 年的时光。他试着想写回忆录,他和看守们争吵,他怀念过去的时光。在想象中,他回到了最初出发的地方。他回忆起自己为革命而战的日子。他竭力说服自己:他一直都是"自由、博爱

---

① 地米斯托克利,雅典政治家和统帅。公元前 493 年—前 492 年任执政官,为民主派重要人物。

和平等"这些伟大原则的忠实朋友,国民公会的那些衣衫褴褛的士兵把这些信念带到了世界的各个角落。他喜欢回忆过去作为总指挥官和执政官的生涯。他很少提到帝国时期,有时他也想到自己的儿子莱希斯塔德特公爵,这只小鹰住在维也纳,他年轻的哈布斯堡王室的表兄妹们将他看作"穷亲戚",而这些表兄妹的父亲听到拿破仑的名字就瑟瑟发抖。大限到来之时,他意识不清,觉得自己正在率领部队走向胜利。他下令奈伊元帅领兵进攻,接着就死了。

拿破仑的一生传奇跌宕,仅凭着自己的意志在这么多年的时间里统治了这么多人,如果你真的想了解其中的缘由,就不要去读那些关于他的传记。这些传记的作者要么就是仇恨这位皇帝,要么就是爱戴这位皇帝。要知道真相,你应该研究事实,"感受历史"比知道历史更为重要。不要去读传记,找个机会听一听《两个掷弹兵》这首歌吧,其词作者是海涅,经历了整个拿破仑时代的伟大德意志诗人;作曲者是舒曼,这位德意志作曲家在拿破仑前来拜见他的岳父大人时见过这位皇帝——德意志的头号敌人。由此说来,这首歌的词作者和作曲者都有充分的理由仇恨这位暴君。

去听一听这首歌吧。你会领悟到一千卷书都不能言传的东西。

机器时代

欧洲人在为了民族独立而战之际，一系列的发明完全改变了他们生活的世界，18 世纪笨重的老蒸汽机成了人类最忠诚、最有效率的奴隶。

人类最大的恩人死于 50 多万年之前。他是个浑身长毛的家伙，眉毛低、眼窝深、下巴粗大，牙齿粗壮得就像虎牙一样。如果和现代的科学家们站在一起，他看起来肯定不怎么样，但科学家们都会尊他为大师。他用石头敲开了坚果，用棍子敲开了大石头。他是人类首批工具斧头和杠杆的发明者。他的贡献超过了所有的后来者，因为有了这些工具，人类就比同在一个星球的其他动物有了巨大的优势。

从那以后，人类就一直在发明更多的工具，想要生活得更加轻松。公元前 10 万年，轮子问世，在当时人类群体中产生的震动绝不亚于几年前飞行器横空出世。

在华盛顿，一位 19 世纪 30 年代在专利局工作的局长说，应该取消专利局了，因为"可能被发明出来的东西都问世了"。在史前时期，木筏上挂上了帆，人们不用划桨撑杆就能从一个地方到另一个地方，那时肯定也有人说过同样的话。

的确如此，历史上最有意思的一个篇章就是人类为了让别人或是别的东西代为工作而努力，这样他就能享受闲暇时光，坐着晒晒太阳，或是在岩石上画画，或是驯服狼崽子和小老虎。

当然了，在远古时代，总是能够找到弱小的邻居来做自己的奴隶，强迫他来完成那些讨厌的工作。古希腊人和古罗马人同我们现代人一样聪明，却没有设计出更为有意思的机器，原因之一就是广为存在的奴隶制。一个伟大的数学家走到市场，付上一点钱，想买就能买到需要的奴隶，那他当然不会浪费时间去设计什么缆绳、滑轮和齿轮了，也不会用噪音和烟雾来污染周围的环境。

到了中世纪，虽然奴隶制度已经废除了，只有温和的农奴制度还存在，但行会的存在制约了人们使用机器的念头，因为行会认为，有了机器，他们自己很多兄弟就会没了工作。而且，中世纪对生产大量的货物根本不感兴趣。当时的裁缝、屠夫和木匠生活的圈子很小，他们就是为身边的人服务，没有与他人竞争的愿望，除了必要的物品之外，他们没有多生产的愿望。

到了文艺复兴时代，教会无法再像以前那样严格地制约科学研究，于是很多人开始投身于数学、天文学、物理学和化学的研究。三十年战争爆发的前两年，苏格兰人约翰·龙比亚出版了一本小书，介绍了数学上的新发明，对数。三十年战争期间，莱比锡城的戈特弗里德·威廉·莱布尼茨完善了微积分体系。威斯特伐利亚合约签订的8年前，英国伟大的自然哲学家牛顿诞生了，同一年，意大利伟大的天文学家伽利略去世了。三十年战争摧毁了中欧的富裕繁荣，但当地突然就兴起了"炼金术"的潮流，这是中世纪的伪科学，人们希望用这种方式将贱金属变成金子。这当然是不可能的，但是炼金术士在他们的实验室里误打误撞发现了好多新概念，极大地推动了他们的后来者，也就是化学家的工作。

这些人的工作为世界提供了坚实的科学基础，在这样的基础之上，人们才得以发明出更为复杂的机器，而那些具有实际头脑的人才能对此充分加以利用。中世纪的人用木头造出了一些必要的机器，但木头很快就会耗损掉。铁这种材料就要好得多，但是只有英格兰盛产铁，其他地方都很稀少。

因此,英格兰成为了炼铁的重地。要炼铁,就需要熊熊烈火。最开始只能用木材来取火,而森林是有限的资源,接着就开始使用无烟煤。煤是从地底下挖出来的,必须被送到冶炼炉中,而且煤矿必须保持干燥,防止进水。

这里就有两个问题亟待解决。当时,人们依然在使用马匹将矿车拉上来,但是为了防止煤矿进水,抽水必须使用到特制的机器。数位发明家都在忙于解决这个难题。他们都知道新机器必须用到蒸汽。蒸汽机是个非常古老的概念了。公元前1世纪亚历山大城的希罗①就向我们描述了这种利用蒸汽作为动力的机器。文艺复兴时期的人也搞过用蒸汽做动力的战车。牛顿同时代的人伍斯特侯爵在他有关发明的书中讲述了一种蒸汽机。不久之后,到了1698年,伦敦的托马斯·塞弗里申请了一种抽水机器的专利。同时,荷兰人克里斯汀·惠更斯正在努力完善一种能够引发火药不断爆炸提供动力的机器,就像是我们的发动机利用汽油那样。

全欧洲的人都在搞蒸汽机。法国人丹尼斯·帕潘、惠更斯的朋友和助手,在几个国家试验蒸汽机。他设计出了蒸汽推动的小马车和明轮船。但是,等到他坐上船试航一下的时

----

① 古希腊数学家。

候,当局没收了他的船只,其原因就是船夫行会提出了投诉,唯恐这样的工艺夺走他们的饭碗。帕潘把所有的钱都浪费在了发明上,最后一贫如洗地死在了伦敦。在他去世之际,另一位机械爱好者托马斯·纽科门正在发明一种新的蒸汽泵。50 年后,格拉斯哥的一位仪器制造商詹姆斯·瓦特改善了纽科门的机器。到了 1777 年,瓦特给世界带来了第一台有真正实用价值的蒸汽机。

不过就在人们进行"热力发动机"试验的几百年中,世界的政治格局发生了很大的改变。英国人替代荷兰人成为了世界贸易的承运商,且开创了新的殖民地。他们把殖民地生产的原材料运往英格兰,在英格兰将原材料变为成品,然后再将成品出口到世界的各个角落。17 世纪,佐治亚州和南北卡罗莱纳州的人们开始种植一种新的棉花品种,这种品种能够长出一种类似羊毛特性的棉花,也就是所谓的"棉绒"。棉绒被采摘下来后,就运往英格兰,兰开斯特的人们将它纺成棉布。这些棉布都是工人们在自己家里手工纺成的。到了 1730 年,约翰·凯伊发明了滑轮梭子。到了 1770 年,詹姆斯·哈格里夫为他的"珍妮纺纱机"申请了专利。美国人伊莱·惠特尼发明了轧花机,这种机器能够将棉籽从棉花中分离出来,而之前都是手工完成,原先每天一人只能摘干净一磅棉花。最后理查德·阿科莱特和埃德蒙·卡特赖特神父发明了大型的水力纺织机。18 世纪 80 年代，当时法国的三级会议才开始，而瓦特的机器已经得到了应用。这一机器能够驱动阿科莱特发明的纺织机，经济和社会革命应运而生，几乎改变了全世界的人类关系。

固定不动的机器刚刚取得了成功，发明家们就转而关注用机械装置给船和车提供动力的问题。瓦特设计了"蒸汽机车"的方案，但还没有等他完善自己的想法，1804 年，理查德·特里维西克制造出的机车就在威尔士矿区的佩尼达兰拉动了 20 吨的货物。

就在这个时期，美国珠宝商兼肖像画家罗伯特·富尔顿正在巴黎劝说拿破仑使用自己的潜水艇"鹦鹉螺"号和他的"蒸汽船"，这样就能摧毁英格兰的海军优势了。

富尔顿的蒸汽船并非是他的原创。他肯定是借鉴了约翰·菲奇的构想，后者是康涅狄格州的机械天才，早在 1787 年，他设计精巧的蒸汽船就在德拉瓦河①上航行过。可是拿破仑和他的科学顾问不相信自动船有实际操作的可能，虽然这艘小船喷着蒸汽，在塞纳河上欢快地航行，可这位伟大的

----

① 美国东部河流。

皇帝还是视而不见，没有利用这一强大的武器。如果用上了，他就有可能为特拉法加海战的失利报仇呢！

富尔顿后来回到了美国，他是个实际的商人，他和罗伯特·R·利文斯顿合伙成立了一家蒸汽船公司，后者是《独立宣言》的签署人之一。富尔顿在巴黎兜售发明之际，利文斯顿是美国驻法大使。这家新公司的头一艘蒸汽机"克莱蒙特号"装配上了英格兰伯明翰博尔顿和瓦特制造的蒸汽机，称霸纽约州的水域，并于1807年开通了纽约与奥尔巴尼之间的定期航班。

可怜的约翰·菲奇虽早在众人之前就开始将"蒸汽船"用于商业用途，却悲惨地死去了。他的第5艘使用螺旋桨的蒸汽船不幸被毁，他所有的钱都用光了，贫病交加。他的邻居嘲笑他，就像100年之后，人们嘲笑兰利教授形状奇怪的飞行器一样。菲奇本来希望能够为自己的国家造出蒸汽船，通往西部的大河，可是他的同胞们却愿意坐平底船或是步行。到了1798年，菲奇在彻底的绝望和痛苦之中服毒自杀。

20年之后，1850吨位的"萨凡纳"号下水了，时速6海里（"毛里塔尼亚"号的时速只是它的四倍），从萨凡纳①航行到

---

① 美国佐治亚州东部港口。

利物浦只用了 25 天,创造了新纪录。此时,众人的嘲笑声终于平息下来,他们激动不已,又把发明者的帽子扣在了别人的头上。

6 年后,苏格兰人乔治·斯蒂芬森制造出了著名的"移动引擎",之前他一直在研制能够把煤从矿井中运到冶炼炉和棉纺厂的机车。现在有了移动引擎,煤炭的价格下降了近 70%,而且曼彻斯特和利物浦之间第一条定期客运线路也成为可能,人们在城市之间以前所未有的为 15 英里的时速穿梭。12 年之后,这个速度提升到每小时 20 英里。今天,情况良好的廉价小汽车(19 世纪 80 年代戴姆勒和勒瓦索尔小型电动机器的直系后代)都能够比这些早期的"喷气机车"跑得快。

这些追求实际的工程师在改善"热力发动机"之际,一群"纯粹"的科学家(这些人每天 18 个小时都在研究"理论"科学现象,如果没有这些理论,就不可能有机械进步)正在追踪一条走向自然最隐秘领域的新线索。

两千年前,数位古希腊和古罗马哲学家(其中值得一提的就是米利都的泰利斯,还有老普林尼,后者在公元 79 年研究维苏威火山爆发的时候不幸身亡,这次火山爆发还掩埋了庞培和赫库兰尼姆这两座城市)注意到一种奇怪的现象,那就是琥珀在羊毛上摩擦后能够吸引细小的稻草和羽毛。中世纪的学生对这种神秘的"电"力量并不感兴趣。但是文艺复兴刚一结束，伊丽莎白女王的私人医生威廉·吉尔伯特就写了一篇关于磁体特性的著名论文。三十年战争期间，马格德堡①的市长和气泵的发明人奥托·冯·格里克修建了第一台电气机器。接下来的那个世纪里，很多科学家全身心地投入到电学的研究中。1795 年，至少有 3 位教授发明了著名的莱顿瓶。与此同时，本杰明·富兰克林这位美国全才也在关注电这一话题。他发现闪电和电火花是同一电能的不同表现，他的一生忙碌而充实，直到去世之前，他都还在继续研究电力。接着就是伏打②发明了著名的"电堆"，还有伽尔瓦尼③、戴伊、汉斯·克里斯汀·奥斯特④、安培⑤和法拉第⑥等都是探索电力本质的勤奋研究者。

他们把自己的发现无偿地献给了世界。塞缪尔·摩尔斯⑦(他和富尔顿一样，最开始是艺术家)认为他可以利用

---

① 德国城市。
② 意大利物理学家。
③ 意大利医生和动物学家。
④ 丹麦物理学家、化学家。
⑤ 法国物理学家。
⑥ 英国物理学家和化学家。
⑦ 美国画家、发明家，摩尔斯电码发明者。

这种新发现的电流在城市之间传送消息。他打算用铜线和自己发明的小机器来达到这一目的。人们嘲笑他，摩尔斯不得不自己花钱做实验，很快他所有的钱都用光了，变得一贫如洗，人们对他更加嗤之以鼻。他向国会申请援助，一个商业特别委员会承诺给他提供帮助，但国会的议员对此根本没有兴趣，摩尔斯等待了 12 年，才从国会拿到了小额拨款。接着，他就在巴尔的摩①和华盛顿之间建立了一条"电报"线路。1837 年，在纽约大学的演讲厅，他第一次成功演示了"电报"。到了 1844 年 5 月 24 日，第一份长途电报从华盛顿发到了巴尔的摩，现在全世界到处都是电报线，从欧洲发消息到亚洲，只需要几秒钟的时间。23 年之后，亚历山大·格拉哈姆·贝尔利用电流发明了电话。半个世纪之后，马可尼②在前人的基础上加以改善，发明了完全不用老式电缆就能发出信息的电报系统。

新英格兰人摩尔斯在研究他的"电报"之际，约克郡人迈克尔·法拉第已经制造出了第一台"发电机"。这台小小机器完成于 1831 年，当时七月革命严重打乱了维也纳会议的

---

① 美国港口城市。
② 意大利无线电工程师、企业家，实用无线电报通信的创始人。

如意算盘,整个欧洲颤抖不已。第一台发电机越变越大,到了今天,发电机为我们提供了光和热(爱迪生于1878年发明的白炽灯是在英国人和法国人四五十年代的实验基础之上得来的),还给各种机器提供动力。我想电动引擎很快就会完全淘汰"热力发动机",就像在远古时代,更为高效的史前动物替代了那些较为差劲的史前动物。

虽然我对机器一窍不通,但机器的换代肯定会让我非常高兴。电动机器可以用水力驱动,水是人类清洁友好的仆人,而十八世纪的奇迹"热力发动机"却是个又吵又脏的家伙,一刻不停地向这个世界喷吐滚滚浓烟和煤灰,一刻不停地吞噬大量的煤炭,而煤炭取自地下,劳财害命。

如果我写的是小说而不是历史,如果我可以挥洒想象而不必坚持事实,我就要描写一下蒸汽机进驻自然历史博物馆,安放在恐龙骨骼化石、翼手龙和其他远古灭种动物旁边的美妙景象,那将是多么幸福的时刻。

社会革命

新机器价格昂贵，只有富人才买得起。以前自由自在的木匠或是鞋匠不得不到拥有大型机械工具的工厂主那里工作，虽然赚的钱更多了，可是失去了独立的生活，他并不喜欢这样。

以前，世界的各项工作都是工匠在作坊里完成的。作坊是自己的，就在自家家门口；工具也是自家的。他们随心所欲地经营作坊，不高兴了就扇自家学徒的耳光，限制他们的只有行会的规矩。他们过着简单的生活，必须长时间工作才能维持生计，但他们为自己工作。如果一天早上起来，看到天气不错，很适合钓鱼，他们就钓鱼去了，没人会说"不"字。

但是机器的出现改变了这一切。机器不过是超大型的工具。载人的火车每分钟的速度可以达到1英里,但实际上它不过是一双快腿;蒸汽锤能够把巨大的钢板砸成薄片,它也不过就是用钢铁制成的巨大拳头。

我们所有的人都能拥有一双健康的腿,一对强壮有力的拳头,而火车、蒸汽铁锤和棉纺机却是非常昂贵的工具,不为个人所有。这些工具通常都是一伙人集体出资,然后按照各自投资金额的多少从铁路、工厂或是棉纺厂获得相应的利润。

机器不断得到完善,最终成为了非常实用且能盈利的工具。这些大型工具的制造商就开始寻求能够支付现金的买主。

中世纪早期,土地几乎就是唯一的财富形式,只有贵族才能拥有财富。正如我在之前谈到过的,中世纪的人手中的金银并无作用,他们实行的是物物交换,用牛换马,用鸡蛋换蜂蜜的老体制。到了十字军东征时期,东西方之间的贸易开始恢复,城市的市民能够积攒财富了,他们成为了领主和骑士的强劲对手。

法国大革命彻底摧毁了贵族的财富,极大地提高了中产阶级的财富。大革命之后的动荡时期,许多中产阶级的人抓住机会聚集了更多的财富。国民公会没收了教会的地产,拿来拍卖。这期间也发生了很多渎职贪污的事情。土地投机商盗取了成千上万平方英里的高价土地,到了拿破仑战争期间,他们利用手里的资金倒卖粮食和军火,牟取暴利。如今,他们有了全家都花不完的钱,他们有钱买工厂,雇佣工人开动机器。

这一来,无数人的生活就发生了翻天覆地的变化。几年内,许多城市的人口就增长了一倍,以前的市中心是市民们真正的"家",现在这些市中心周围全部都是丑陋廉价的郊区房子,里面住的是工人,他们在工厂劳作11、12个小时,甚至是13个小时后,哨声一响,就回到这里仅仅睡个觉而已。

农村各个地方都在谈论城市里可以赚大钱。习惯了在开阔农村生活的农家子弟来到了城市。早期的工厂通风非常糟糕,这些孩子很快就在烟尘和肮脏的环境中丢掉了健康,最常见的结局就是死在贫民院或是医院里。

当然了,从农场走向工厂,很多人还是经历了一番斗争之后才接受了这样的转变。一台机器就能干100个人的活,除了操作机器的那个人,另外99个人就没有工作,肯定会不高兴。他们经常袭击工厂建筑、焚烧机器,但是早在17世纪就有了保险公司,工厂主通常都投了保,自然就能得到赔偿。

很快工厂就安装了更新更好的机器,周围也建起了高墙,这样的暴乱行为也就到头了。古老的行会无法适应这个蒸汽和钢铁的新世界,它们消亡了。接着,工人们组织起来,建立了劳工会。工厂主拥有大量的财富,他们给不同国家的政治家施加影响力,经过立法渠道,通过了禁止成立这种工会组织的法律,理由是这些工会干涉工人的"行动自由"。

通过了这些法律的议员都是邪恶的暴君?并非如此。他们都是革命真正的儿子。在那个阶段,人人都在谈论"自由",人们常常因为邻居不像自己那样热爱自由,就将其杀害。既然"自由"是人类最重要的美德,劳工会就不应该规定工会成员工作时间的长短和该拿的薪水高低。工人必须随时"自由地在公开的市场出卖自己的劳力",而雇主必须同样"自由"地按照心意打理生意。国家调控整个社会工业生活的重商主义时代已经接近尾声,"自由"的新理念要求国家完全靠边站,让商业自由发展。

18世纪的后半叶不仅是学术和政治的怀疑时期,而且旧有的经济理念被更加适应时代需求的新理念所替代。在法国大革命爆发的几年前,杜尔哥曾出任路易十六的财政大臣,以失败告终。他提出过一种"经济自由"的新颖学说。杜尔哥学说中的"国家"有着太多的繁文缛节、规章制度,同时有太多的官员想要执行太多的法律。"去除这些官方的监督,"他写道,"让人们自由自在地做他们想做的事情,就会万事大吉。"很快,他这条著名的"自由经济"建议就成为了那个时代经济学家集体呼吁的口号。

与此同时，英格兰的亚当·斯密正在撰写他的大部头《国富论》，这本书再次呼吁了"自由"和"贸易本身的权利"。30年后，拿破仑倒台了，欧洲的保守势力在维也纳会议上获得了胜利，人们在政治生活中失去了自由，在工业生活中却被强加上了自由。

我在这个章节的开篇就已经讲过了，广泛使用机器有利于国家经济，财富因此迅速增加。有了机器，英国这样的国家，凭一己之力就能负担起拿破仑战争的所有费用。资本家获得了高额利润，变得野心勃勃，开始对政治有了兴趣。他们想要同拥有土地的贵族一争高下，在大多数欧洲国家，后者依然对政府有很大的影响力。

在英格兰，议员的选举制度依循的仍然是1265年的皇家法令，很多新近产生的工业中心甚至没有代表。英国人通过了1832年《改革法案》，改变了选举制度，工厂主阶层在立法机构有了更大的影响力。而这一举动引发了数百万工人的极大不满，因为他们在政府中没有权力发声。他们开始举行活动，要求选举权。他们用文件的形式写下了自己的要求，这就是后来的《人民宪章》。关于这份宪章的讨论越来越激烈，1848年革命爆发之后，英国这场关于宪章的讨论依然没有终结。有人威胁要发生暴动，或是雅各宾派的暴力活动，英国政府害怕了，于是任命八十多岁的惠灵顿公爵为军队统帅，并且召集自愿者。伦敦处于被封锁的状态，为镇压即将来到的革命做着各种准备。

可是宪章运动因为领导不利夭折了，没有发生暴力事件。新兴的富有工厂主阶层对政府的控制力慢慢增强，大城市的工业逐渐发展，大片大片的牧场和麦田变成了阴暗的贫民窟，注视着欧洲的城市走向现代。

解 放

看到火车替代了驿马车，这一代人预言幸福的时代会因为机器的普遍使用而来到，但幸福并没有如期而至。人们提出了几个补救办法，但疗效甚微。

1831年，就在第一份《改革法案》通过之前，英国最为杰出的法学家和当时最实际的政治改革家杰里米·边沁写信给朋友："想要得到舒适，那就让别人感到舒适。让别人感到舒适就是表现出爱他们。要表现出爱他们就得真正地爱他们。"边沁是个诚实的人，他说出了自己认为真实的东西。成千上万的英国人都同意他的看法。自己的邻居若没有那么幸运，他们觉得自己也该为邻居的幸福负责，于是他们就尽全力帮忙。没错，真是到了该做些什么的时候了！

中世纪残留的条条款款限制了工业发展,在这样的旧社会中,"经济自由"的理念就变得非常有必要。可是"行动自由"成为了国家的最高法律,这就导致了可怕,是的,非常可怕的情况。工人体能的极限成为了工厂工作时间的唯一限制。女性工人只要还能坐在纺织机前,还没有疲劳过度晕过去,她就应该继续工作。五六岁的孩子也被送到了纺织厂,以免他们在街上遭受危险,也是为了避免他们无所事事,一生懒惰。人们还通过了一项法律,规定贫民的孩子必须工作,否则就会用铁链把他们锁在机器旁。如此工作之后,孩子们就有了可以果腹的糟糕食物,还有了猪圈一样的地方供晚上休息。孩子们疲惫不堪,工作期间睡着是常事。为了保持他们处在清醒状态,工头拿着鞭子来回走动,必要的时候就用鞭子抽打他们的指关节让他们醒过来工作。当然,在这样的环境中,成千上万的小孩子死去了。这太悲惨了,雇主们的心毕竟还是肉做的,他们真心希望能够废除"童工"。但既然人是"自由"的,那么孩子也是"自由"的。而且,如果某位琼斯先生不想在工厂里使用五岁的童工,那他的对手斯通先生就会雇上更多的小男孩,竞争之下,琼斯先生就会破产的。因此,除非议会通过了禁止使用童工的法案,琼斯先生就不得不使用童工。

然而，议会不再是有土地的旧贵族一统天下的情况了（这些贵族非常看不起拿着钱袋子的暴发户工厂主，公开表示出鄙夷），来自工业中心的代表控制了议会，然而只要法律还禁止工人们组织工会，他们就不可能有所作为。当时那些聪明体面的人自然是看到了这些悲惨的情况，他们也是无能为力。机器突然就征服了整个世界，成千上万道德高尚的人花了很多年时间，付出了很多努力，才纠正了机器的地位：机器是人类的仆人，而不是人类的主人。

这样的雇佣体系令人发指，遍布全球，奇怪的是人们第一次攻击这一体系是为了非洲和美洲的黑奴。西班牙人把奴隶制度引入了美洲大陆。最开始他们想要用印第安人在田间和矿井里劳作，可是印第安人一旦脱离了野外的生活，就会病倒死去。一个好心的牧师不想看到印第安人因此而绝种，就建议从非洲带黑人来美洲工作。黑人非常强壮，经得起折磨。而且，黑人与白人朝夕相处，就有机会了解学习基督教，这样就能拯救自己的灵魂了。不管从哪个角度考虑，这样的安排对好心的白人和他们无知的黑人兄弟都是非常棒的。可是，在使用机器之后，人们对棉花的需求越来越高，黑人被迫更加高强度地劳作，在监工的虐待之下，他们也像印第安人一样悲惨地死去。

欧洲人知道了黑人遭受的非人待遇,所有国家的人躁动起来,想要废除奴隶制。在英国,威廉·威尔伯福斯和扎卡里·麦考利(他的儿子是一位伟大的历史学家,你如果读过他笔下的英国历史,就会知道有趣的历史书是怎么一回事了)组织了一个禁止奴隶制的团体。首先,他们努力通过了一项法律,宣布"奴隶交易"为非法行为。1840年之后,英国殖民地上已经找不到奴隶了。1848年革命终结了法国属地的奴隶制。1858年葡萄牙人通过了一项法律,宣布在从今往后20年的时间里给予所有奴隶以自由。荷兰人在1863年废除了奴隶制,同年沙皇亚历山大二世宣布农奴为自由人,结束了2个多世纪的农奴制。

在美国,废除奴隶制这个问题遭遇了大难题,最终引发了长期的战争。虽然《独立宣言》写明了"人生而自由平等",可是在南方种植园里劳作的黑皮肤的人成了例外。随着时间的推移,北方的人越来越讨厌奴隶制;南方人则说,没有奴隶,他们就无法种植棉花。在近50年的时间里,众议院和参议院一直都在激烈地讨论这一问题。

北方坚持已见,南方也不退让。双方看起来都不会妥协,这时南方各州威胁要离开联邦。这是美国联邦历史上的危急时刻,有"可能"出现很多种情况,但是因为一位富有爱心的伟人的存在,这些情况都没有发生。

1860 年 11 月 6 日,亚伯拉罕·林肯,一位自学成才的伊利诺伊州律师,当选为美国总统。他是共和党人。共和党人在反对奴隶州一事上态度非常坚决。林肯亲眼见过人类奴役的悲哀,他也知道在北美大陆上不应该有两个互为对手的国家。数个南方州退出了联邦,组成了"美利坚联盟国",此时林肯接受了挑战。北方开始召集志愿者,无数的年轻人踊跃报名,接下来就是 4 年心酸的内战。一开始,南方准备充分,在李将军和杰克逊将军的出色领导之下,他们捷报频传。接着新英格兰和西部的经济实力开始显现出来。一位名叫格兰特的军官从默默无名走向了辉煌,成为了这场伟大战争的"铁锤查理"。他所向披靡,乘胜追击,南方部队溃不成军。1863 年初,林肯总统发布了《解放奴隶宣言》,宣布所有的奴隶为自由人。1865 年 4 月,李将军带领南方最后的英勇部队在阿波马托克斯投降。几天之后,一个疯子枪杀了林肯总统。但他已经完成了自己的使命。虽然古巴还在西班牙的统治之下,奴隶制还在存续,但世界的其他角落已经没有了奴隶制。

黑人们有了越来越多的自由,可是欧洲"自由"的工人却命运堪忧。在很多当代的作家和观察家看来,工人处在极其悲惨的条件之下居然没有大批大批地死去，还真是让人惊奇。工人们居住在贫民窟肮脏阴暗的房子里，吃的是糟糕的食物，他们受的学校教育仅仅能让他们应付工作。如果他们离世或是遭遇事故，其家人就没有了经济来源。但是酿酒业（对立法机构有极大的影响）却大量提供廉价的威士忌和杜松子酒，让这些人借酒消愁。

十九世纪三四十年代之后，情况有了很大的改善，但这是群策群力的结果。机器突然就驾临到这个世界，整整两代人中的优秀分子全身心地投入，才把世界从机器的灾难性后果中拯救出来。他们并不想摧毁资本主义制度。这样做就太愚蠢了，如果善于利用这一部分人积累的财富，是可以极大地造福人类的。一部分人拥有财富、拥有工厂，他们可以随心所欲地不工作，不用担心饿肚子，而劳动者没有选择，能找到什么工作就干什么工作，有多少薪水就拿多少薪水，如果不这样，他和他的妻儿就会挨饿，这两种人之间不可能存在真正的平等。

这些优秀分子四处活动，引入了数项法律，调节工厂主和工人之间的关系。在这一方面，各个国家的改革家们都做得越来越成功。如今，大多数劳动者都得到了很好的保护，他们的工作时间缩短到了每天 8 小时，他们的孩子也上学了,没有在矿井和棉纺厂的梳棉间工作了。

看到眼前滚滚的黑烟,听到轰隆隆的火车声,看到仓库里装满了各种各样用不上的原材料,有的人陷入了沉思,他们想知道,这样巨大惊人的行为到底要把人类引向何方。他们记得在几十万年的时间里,人类没有商业和工业的竞争,也生活下来了。他们能不能改变世界现有的秩序,废除这种以牺牲人类幸福来获取利润的竞争体系呢?

这种对美好明天的模糊憧憬并不局限于一个国家。英国的罗伯特·欧文拥有多家棉纺厂,建立了一个所谓的"社会主义社区",取得了成功。不过欧文一死,他兴建的"新拉纳克"社区的繁荣也就走到了尽头。后来法国记者路易·勃朗也尝试在全法国范围建立"社会车间",结局也是一样。很快,越来越多的社会主义作家认识到,建造于正常工业生活之外的单个小社区毫无意义。如果要提出有用的措施,就必须研究整个工业资本社会中基本的运行原则。

继罗伯特·欧文、路易·勃朗、弗朗索瓦·傅立叶这样的空想社会主义者之后,出现了像卡尔·马克思和弗里德里希·恩格斯这样的理论社会主义者。在这两人当中,马克思更为有名。他是个非常聪明的犹太人,其家人曾长期居住在德国。他听说过欧文的试验,开始对劳动力、薪水和失业的问题产生兴趣。他持自由主义观点，这一来他在德国警察那里就很不受待见，于是被迫逃亡布鲁塞尔，后来他又来到伦敦，其工作是《纽约论坛报》的驻外记者，生活非常窘迫。

当时没有人重视他的经济著作。但到了1864年，他组织了第一个国际工人联盟，3年后的1867年，他出版了著作《资本论》的第一卷。马克思认为，历史就是"有产者"和"无产者"之间的斗争史。机器的介入和广泛使用创造了一个新阶层，那就是资本家。他们利用多余的财富来购买工具，然后雇佣劳动者开动机器生产更多的财富，而这些财富又用来建造更多的工厂，如此继续。在马克思看来，第三阶层（也就是资产阶级）越来越富有，而第四阶层（无产阶级）却越来越贫穷。他预言，到了最后，一个人拥有这个世界上所有的财富，而其他人都是他的雇员，仰仗他的鼻息生活。

为了防止这样的情况出现，马克思建议全世界的劳动者联合起来，为争取政治和经济权利而斗争。1848年，欧洲大革命的最后一年，他发表了《共产党宣言》，罗列出了这些权利。

这样的观点当然非常不受欧洲政府的待见，许多国家，特别是普鲁士，还通过了严厉的法律来对付社会主义者，警察接到命令，驱散社会主义者的集会，逮捕演讲者。但是这样的迫害措施从来就没有用。殉道者成为了最好的宣传品。在欧洲，社会主义者的数量不断攀升，很快事情就明了了，这些社会主义者并不打算发动暴力革命，而是运用自己在各个议会中不断攀升的力量为劳动阶层争取更多的利益。社会主义者甚至出任内阁大臣，同进步的天主教徒和新教徒一起联手清除工业革命带来的危害，更为公平地分配机器和财富增加之后带来的各项利益。

科学的时代

　　这个世界经历了重大的政治和工业革命，但是它还经历了一项更为重大的变革。经历了数代的压迫和迫害之后，科学家们终于有了行动的自由，可以去探索支配宇宙的基本法则了。

　　在科学和科学研究最初的懵懂概念中，古埃及人、古巴比伦人、迦勒底人、古希腊人和古罗马人都有所贡献。但是公元4世纪的大迁徙摧毁了地中海地区的经典世界，而教会的兴趣在于人类的灵魂而非肉体，他们认为科学是人类傲慢的体现，因为它居然想要窥探上帝管辖的神圣领域，这可是与七宗罪紧密相连的行为。

　　文艺复兴在一定程度上打破了中世纪各种偏见筑起的

高墙。然而在 16 世纪早期，宗教改革取代了文艺复兴，对
"新文明"持敌对态度，科学人士如果胆敢超越《圣经》的指
示，将会面临严厉的惩罚。

　　我们的世界上到处都是伟大将军的雕像，他们骑着高头
大马带领着欢呼的士兵走向辉煌的胜利。不时也可以看到
一块不起眼的大理石墓碑，告诉人们一位科学人士安息在此
处。再过上一千年的时间，我们做事情的方式会不一样，到
时候，那一代幸福的孩子们将会了解到抽象知识的先驱者有
着怎样无畏的勇气和绝对的奉献精神，正是因为他们，我们
的现代社会才有可能成为现实。

　　许多科学先驱者在贫穷、轻视和羞辱中度过了一生。
他们住在阁楼上，死在了地牢中。出版了书籍，他们也不敢
在扉页上印上自己的大名。在他们的出生地，他们不敢发
表自己的研究结果，只能把手稿偷运到阿姆斯特丹或是哈
勒姆①某处的秘密印刷厂。他们是新教和天主教教会公开仇
恨的敌人，教会无数次布道传教都提到了他们，煽动教区居
民用暴力对抗这些"异端分子"。

　　他们也找到了避难所。荷兰是当时最宽容的国家，当局

----

① 荷兰城市。

虽然完全不喜欢科学研究这些事情,但也不愿干预人们的思想自由。于是荷兰就成了思想自由的避难所,法国、英国、德意志的哲学家、数学家和医生可以在这里得到短暂的休息,呼吸一下自由的空气。

我在另外一个章节中讲到过罗杰·培根的故事,他是13世纪的伟大天才,数年来不敢写一个字,就怕教会当局又来找他的麻烦。500年之后,法国撰写哲学《百科全书》的诸位一直处在法国宪兵的监视当中。又过了半个世纪,达尔文胆敢质疑《圣经》中关于人类起源的故事,所有的神职人员都斥之为人类的敌人。

甚至到了今天,那些大胆进入科学未知领域的人依旧不能完全摆脱遭受迫害的痛苦。在我写这篇内容的时候,布莱恩先生正对着一大群人发表名为《达尔文主义的威胁》的演说,警告听众不要遭受这位伟大的英国自然学家的毒害。

然而,这不过是旁枝末节的问题。该做的总是会得以完成,人们总是谴责那些有远见的人为不现实的理想主义者,而他们最终也会享受到这些科学发现和发明带来的好处。

17世纪的人们把目光投向了遥远的天空,想要研究地球在太阳系中的位置。这样的探索行为在教会眼里也是不得体的,他们并不赞成。哥白尼第一个证明了太阳是中心,但直到去世那天才出版了自己的研究。伽利略大半辈子都处在教会的监视之下，但他继续用望远镜进行研究，为后来牛顿的研究提供了大量实际的观察数据，极大地帮助了这位英国数学家发现了后来称之为"万有引力定律"的存在。

牛顿发现万有引力定律之后，人们对天空的兴趣暂时停止了，转而开始研究地球。17世纪后半叶，安东尼·列文虎克发明了显微镜（形状奇怪的小东西，使用不便），人们因此可以研究致病的"微小"生物了。显微镜创立了"细菌学"的基础。近四十年来，因为发现了多种致病的小生物，人类得以摆脱这些疾病的困扰。有了显微镜，地质学家们就能更为细致地研究从地表深处挖出来的不同的岩石和化石。有了这些研究，地质学家坚信地球的历史远比《创世纪》所言的久远。1830年，查理斯·莱伊尔爵士出版了《地质学原理》一书，否认了《圣经》中给出的创世纪的故事，更为精彩地描述了一个缓慢生长和逐渐发展的故事。

与此同时，拉普拉斯①正在研究一种关于宇宙形成的新理论，他认为地球最初不过是形成行星的星云中的一个小点。本生②和基尔霍夫③在利用分光镜研究恒星的化学组成，

① 法国天文学家、数学家。
② 德国化学家。
③ 德国物理学家。

并且研究离我们最近的恒星太阳,而伽利略是发现太阳黑子的第一人。

在天主教和新教的土地上,解剖学家和教会当局进行了艰苦卓绝的斗争,终于得到允许,可以解剖尸体。中世纪的庸医只能对我们的器官及其功能进行猜测,现在终于可以真正对其进行了解了。

从人类第一次仰望星空、疑惑为什么天上会有星星至今,已经过去了数十万年的时间,而在一代人的时间里(从1810年到1840年),人类在各个科学领域进展神速,超过了以往的总和。这个年代对于那些接受了老体制教育的人肯定非常不好受。我们可以理解他们对拉马克①和达尔文这类人的仇恨,其实这两位并没有说人是"猴子的后代"(而我们祖父那一代人却认为这是对他们的侮辱),他们的看法是:骄傲的人类有一系列的祖先,追本溯源,可以追溯到第一批出现在地球上的水母身上。

富裕的中产阶级主宰了19世纪,他们优雅得体,很愿意使用煤气或是电灯,以及伟大科学发现的各种实际应用,但他们依然不信任这些调查者和"科学理论"的发现者,而如果

---

① 法国博物学家。

没有这些发现者，就不可能有进步。到了最后，科学家们的贡献终于得到了承认。过去的富人把财富捐出来修建大教堂，如今他们捐钱修建大实验室，科学家们安静地在实验室里和人类隐形的敌人英勇奋战，有时还会牺牲自己的性命，这一切只为了未来的人类能够更加幸福，更加健康。

是的，许多我们祖先认为是"上帝行为"的疾病不过是由我们无知和粗心造成的。现在每个孩子都知道只要留心饮用水，就不会感染伤寒，而医生花了好多年的努力才向我们证实了这一点。人们不再惧怕牙医。研究我们口腔的微生物之后，防治蛀牙就成为了可能。如果必须要拔牙，那就吸上一口麻醉气体，牙齿毫无感觉地就拔出来了。1846年美国报纸刊登了利用乙醚进行"无痛手术"的新闻，欧洲善良的人们听了直摇头。在他们看来，疼痛是凡人应该承受的，躲避疼痛就是违抗上帝的意愿，好长时间之后，乙醚和氯仿才得以在手术中普遍应用。

但是，进步取得了胜利，偏见这堵城墙上的缺口越来越大，最后，无知的古老石块轰然倒塌。代表着更为幸福的新秩序的追求者汹涌而进，突然他们发现遭遇了新的障碍。在旧时代的废墟上又矗立起一栋保守的城堡，如果要攻破这最后的壁垒，还要数百万人献出自己的生命。

新世界

　　世界大战就是为建立一个崭新美好的世界而进行的斗争。

　　法国大革命爆发与一小群诚恳的狂热者有关，其中的孔多塞侯爵是一位品德非常高尚的人。他把一生都奉献给了穷苦不幸的人。他是达朗贝尔和狄德罗编著《百科全书》时的助手之一。在革命初期，他是国民公会温和派的领导人。

　　国王和保皇分子的叛国阴谋给了极端激进派以口实，他们有了控制政府和大肆屠杀反对派的机会。这时，他的包容、友好和冷静使他成为了被怀疑的对象，他被宣布成了"不法分子"，任何爱国者都可以随意摆布他了。他的朋友们不畏危险，想要把他藏起来，孔多塞拒绝接受他们的好意，不想连累他们。他逃走了,想要回家,也许到了家就安全了。他在野外度过了3个晚上,弄得到处是伤,浑身是血,他走进一家客栈,想要吃点东西。那些多疑的乡巴佬搜他的身,在他口袋里发现了一本罗马诗人贺拉斯的诗歌。这就说明他们抓住的人是贵族,不应该出现在公路上才对,而且此时每个受过教育的人都是革命的敌人。他们抓住了孔多塞,把他绑了起来,堵住他的嘴,扔进了村子的牢房里。第二天早上士兵们来了,想把他拖回巴黎砍头,可是一看,他已经死了。

这个人奉献出了自己的一切,却什么都没有得到,他有充分的理由对人类感到绝望。但是他写下了几句话,虽然写于130年前,但在今天依然是真理。我把这几句话抄录在此,以飨读者。

"自然赋予了人类无限的希望,"他写道,"如今,人类摆脱了禁锢,以坚定的步伐走在真理、美德和幸福的大路上,给哲学家提供了一幅美妙的画面,虽然在这个世界上还存在着错误、犯罪和不公正的污染和痛苦,但哲学家们从那样的画面中可以获得安慰。"

我们的世界刚从巨大的痛苦中走出来,与之相比,法国大革命不过是场事故。战争的苦难是如此震撼,无数人心中最后的希望也熄灭了。他们唱着进步的赞歌,也曾祈祷和平，而接踵而来的却是4年的屠杀。"值得吗？"于是他们问道，"如此辛劳地为人类而努力，人类却依然还停留在早期洞穴人的水平。"

对于这样的疑问只有一个答案。

那就是"值得"！

世界大战是一场浩劫，但并不意味着终结。恰恰相反，它带来了新的一天。

古希腊、古罗马和中世纪的历史叙述起来都很轻松。那些都是过去很久的事情了，在那段历史中粉墨登场的演员都死了。我们可以冷静地进行评判。在台下鼓掌的观众也都早已散去，我们怎么评说也不会伤害他们的感情。

但是要真实地叙述当代发生的事情就非常困难了。那些困扰着我们同时代人的问题就是我们自己的问题，我们或是深感伤心，或是沾沾自喜，很难用历史的公正来讲述这些话题，很容易大放大鸣。虽然不容易，但我还是要告诉你，为什么我赞同孔多塞对人类美好未来的坚定信心。

在这之前，我已经多次说过不要迷信我们所划分的历史时代。现在我们的历史被划分成了古代、中世纪、文艺复兴和宗教改革，以及现代这四个时代。所谓的"现代"是最为危险的词汇。"现代"这个词暗示着我们作为20世纪的人已经处在了人类成就的巅峰。50年前，英国追随格莱斯顿的自由主义者认为第二次《改革法案》永久性地解决了真正意义的代议制和民主政府难题，工人和工厂主在政府中享有了同等的权力。迪斯雷利和他的保守派朋友谈论着"黑暗中危险的一跳"，这些自由主义者的反应是"没有的事"。他们坚信自己的事业，相信从此以后社会的各阶层会在政府中友好协作，挽手走向胜利。而自那以后，发生了好多事情，活着的自由主义者已经不多了，但这些活着的人明白了自己以前的看法是错误的。

任何历史问题都没有明确的答案。

每一代人都要重新为了美好的事业而抗争，否则就会像那些懒惰的史前动物那样从这个地球上消失。

如果你明白了这个真理，你对人生的领悟就上一个台阶。现在我们再往前走一步，想象一下你是自己的后代子孙，处在公元10000年。他们也会了解历史。对待我们有史以来的4000年的行为和思想，他们又会怎么看呢？在他们眼里，拿破仑可能都成了亚述霸主提格拉特·帕拉沙尔同时代的人。也许他们会把拿破仑和成吉思汗或是亚历山大大帝混为一谈。他们也许会把刚刚结束的世界大战与罗马和迦太基人争夺地中海霸权进行的128年的商业战争进行比较。在他们眼里，19世纪巴尔干半岛的争端可能是大迁徙时代引发的混乱的继续。就在昨天，德国人的枪炮摧毁了法国兰斯的大教堂，他们看着大教堂的照片，仿佛就是今天的我们在看土耳其人和威尼斯人在250年前摧毁的雅典卫城的图片。今天的人们还是普遍惧怕死亡，到了他们眼里，我们对死亡的恐惧就成了孩子气的迷信，太自然不过了，毕竟在1692年我们还把巫婆放在火堆上烧死。今天，我们引以自豪的医院、实验室和手术室到了他们眼里不过是比炼金术士和中世纪外科医生的工作坊稍微好点的地方。

他们为什么会这样想？原因太简单不过了。我们这些现代人根本就不"现代"。相反，我们只是最后的洞穴人。昨天，我们才刚为新时代奠定了基础。只有人类有了质疑一切的勇气，把"知识和理解"作为创造一个更为理性的社会的基础，人类才拥有了成为文明人的第一次机会。世界大战是这个新世界的"成长痛"。

在未来很长的时间内，人们可能会写下很多大部头的书来证明是这个或是那个人引发了这场战争。社会主义者会发表成套的著作指责是"资本家"为了"商业利益"引发了这场战争。资本家会回应说，战争让他们失去了更多的东西，他们的孩子第一批走向了战场，再也没有回来，他们还会指出，各国的银行家竭尽全力，就想避免战争的爆发。法国历史学家会历数德国人从查理曼大帝开始，一直到霍亨索伦家族威廉皇帝时代犯下的罪孽。德国历史学家也会不甘示弱，摆出法国人从查理曼大帝开始到雷蒙·庞加莱首相犯下的罪行。最后，他们都会满意地加上一笔，说是对方"引发了战争"。各国的政治家都会坐到打字机前，解释自己是怎样努力避免冲突，而他们无恶不作的对手又是怎样逼迫他们走进了战争。

　　而100年之后的历史学家就不会顾及这些道歉和辩护。他会明白这场战争的起因到底是什么性质，他会明白个人的野心、恶毒和贪婪作为战争的起因是多么的微不足道。科学家们创造出一个由钢铁、化学和电力组成的新世界，但是他们忘记了人类的心智比传说中的乌龟还要行动缓慢，比声名远扬的树懒还要懒惰，科学家是英勇的领导者，冲锋在前，而普通人还落后100年到300年不等的时间，这时人们就犯下了引发这场苦难的第一个错误。

　　穿上礼服，祖鲁人还是祖鲁人。狗接受了训练，学会了骑自行车，学会了抽烟斗，但狗还是狗。一个心智停留在16世纪的商人虽然开着1921年的劳斯莱斯，他依然还是16世纪的商人心智。

如果你没有明白我的意思，就请再读一遍。再读一遍，你就会明白很多，就会理解过去这6年中发生的许多事情。

也许我应该再举一个你更为熟悉的例子，这样你就明白我的意思了。在电影院，经常有笑话投射在屏幕上。下一次你在电影院的时候注意观察一下周围的人。有些人立刻就明白了笑点在哪里，他们一下就读完了整段话。有些人要慢一些，而有些人则要花上二三十秒才能读懂。更为聪明的观众已经开始解读下一条笑话了，反应慢的才刚刚明白上一条笑话说的是什么。人生也是如此。

我在以前的章节中讲过，最后一位罗马皇帝都死了1000年了，有人还在做罗马帝国的美梦，建立了很多"山寨帝国"。因此，罗马的主教抓住机会成为了整个教会的领袖，因为他们代表了罗马至高无上的理念。多少原本善良无辜的野蛮部落的首领陷入了"罗马帝国"的魔咒，拿起屠刀，开始无休止地发动战争和犯罪。教皇、皇帝、普通的战士，所有的这些人同你我并没有什么不一样。可是他们生活在非常看重罗马传统的时代，罗马是活生生地保存在父辈和子孙辈记忆中的传统。他们为这项事业而奋斗，献出了自己的生命，而这项事业放在今天，不会有超过一打的跟随者。

我还讲过，宗教改革一个多世纪之后，发生了一系列大型的宗教战争。如果你们把三十年战争的那一章节和发明创造的章节对照着看，你就会发现这些骇人的屠杀发生之际，正是第一批蒸汽机在法国、德意志和英国科学家的实验室里噗噗冒气的时候。可是当时的世界整体上对这些蒸汽机毫无兴趣，反而为了神学大讨论而大开杀戒，今天这些神学讨论只能让我们呵欠连天，再也激不起我们的怒火。

就是这个道理。1000 年之后，历史学家会用同样的词语来描述 19 世纪的欧洲。他们会发现，人们投身于可怕的民族战争之际，有一群认真严谨的人待在实验室里，专心研究自然的奥秘，对充斥在他们周围的政治争斗毫无兴趣。

你慢慢会明白我想要说什么。仅仅一代人的时间，工程师、科学家和化学家们就给欧洲、美洲和亚洲带来了各种大型机器，还有电报、飞行器和各种煤焦油产品。他们创造了一个超越了空间和时间的新世界。他们发明了新产品，这些产品物美价廉，几乎人人都买得起。我以前讲过这一点，但是再重复一次也值得。

工厂的数量在不断增加，工厂主主宰了这个世界，他们需要原材料和煤炭，尤其是煤炭。与此同时，群众的思维方式还停留在 16 世纪和 17 世纪，坚持国家是王朝或是政治组织的旧观点。这个还停留在中世纪的笨拙机构突然要担负起解决机械和工业世界这些现代问题的重任。如果按照几百年前的游戏规则，它已经尽力而为了。不同国家都养了大批的陆军和庞大的海军，用以在遥远的地方争夺更多的属地。只要还有一小块土地剩下，就会变成英国、法国、德国或是俄国的殖民地。如果当地人反抗，那就杀了他们。大多数情况下当地人并不反抗，如果他们不干涉钻石、煤炭、石油或是金矿的开采，也不插手橡胶园的种植，他们就能平静地生活下去，也能从外国殖民中捞到一些好处。

　　有时，两个寻找原材料的国家都想得到同一块土地，那战争就爆发了。15年前，俄国和日本争夺属于中国人的土地时就曾兵刃相见。然而这样的冲突并不常见。没人真正想要大战。20世纪早期，动用军队、战舰和潜水艇的战争已经让20世纪初期的人觉得荒诞不已。他们觉得暴力是很久以前君王权力至高无上和王朝工于心计的事情。每天，他们都在报纸上看到又有了新发明，看到英国、美国和德国的科学家和睦友好，共同致力于医药或是天文学的进步，而他们自己则生活在贸易、商业和工厂组成的繁忙世界中。只有少数人注意到，国家体制的发展远远落后于时代，还停留在几百年前的过去。这些人想要提醒其他人注意这一点，可是其他人都忙于自己的事情，无暇顾及此事。

在这本书中,我用了很多比喻,现在我必须要再用一个比喻了。埃及人、古希腊人、古罗马人、威尼斯人以及17世纪商业冒险家的政府之船(这个古老的比喻总是常用常新,充满了活力)曾经非常坚固,是用干透了的木材造成的,指挥这条船的军官了解他们的手下,了解他们的船,也明白祖辈传下来的航海技巧的局限。

接着,钢铁和机器的新时代就来临了。这条政府之船的一部分被改造了,接着另一部分也被改造了。船身拓宽了,船帆被卸下来了,换上了蒸汽机。生活区也得到了改善,但是更多的人不得不到锅炉旁边去烧火。虽然烧火的工作很安全,报酬也相当不错,可是他们还是更喜欢以前在绳索上爬上爬下的危险工作。不知不觉中,这艘老旧的木头横帆船就被改造成了现代的远洋轮。可是船长和水手还是以前那批人,他们还是按照一百年以前的规矩被选出来的。他们所学的航海技巧还是15世纪的那一套。他们的船舱里挂着的还是路易十四和腓特烈大帝时代使用的图标和信号旗。简而言之,虽然不是他们的错,但他们完全不能胜任肩负的重任了。

国际政治的海洋并不辽阔,而这些帝国和殖民的远洋轮还想要互相赶超,那么发生事故就是必然的。事故真的发生了。如果去往那片海域，你还能看到漂浮的残骸。

这个故事的寓意非常简单。这个世界非常需要能够担负起新的领导职责的人，这些人既要有勇气，又要有自己的远见，能够清楚地认识到我们才刚刚启航，还要学习崭新的航海技能。

他们还要度过多年的学徒期。他们必须经历种种阻挠，才能走上最顶端。当他们走上指挥塔时，也许会有嫉妒的手下赫然兵变，他们会因此而丧命。但是总有那么一天，会有一个人指挥这条船安全到达彼岸，而他就是时代的英雄。

图书在版编目（CIP）数据

人类的故事 /（美）房龙著；熊亭玉译. —南京：
南京大学出版社，2016.1 （2018.4 重印）
（国际大奖童书系列）
ISBN 978-7-305-16150-6

Ⅰ．①人… Ⅱ．①房… ②熊… Ⅲ．①人类学－少儿
读物②世界史－少儿读物 Ⅳ．①Q98-49②K109

中国版本图书馆 CIP 数据核字（2015）第 267561 号

出版发行 / 南京大学出版社
地　　　址 / 南京市汉口路 22 号　　邮编 / 210093
出 版 人 / 金鑫荣
丛书策划 / 石　磊
项目统筹 / 游安良

丛 书 名 / 国际大奖童书系列
书　　名 / 人类的故事
译　　者 / 熊亭玉
审　　译 / 廖国强
翻译统筹 / 刘荣跃　刘文翔
著　　者 / [美] 亨德里克·威廉·房龙
责任编辑 / 吴盛杰　徐　斌　　　　　编辑热线 / 025-83597572
特约编辑 / 方丽华　责任校对 / 刘倩影

装帧设计 / 李　瑾
照　　排 / 零　零　插画 / 朱　冰
印　　刷 / 江西华奥印务有限责任公司
开　　本 / 700mm×1000mm 1/32　印张/7.75　字数/135 千字
版　　次 / 2016 年 1 月第 1 版　2018 年 4 月第 3 次印刷
I S B N 978-7-305-16150-6
定　　价 / 18.00 元

网　　址 / http://www.NjupCo.com
官方微博 / http://weibo.com/njupco
官方微信 / njupress
销售咨询热线 / 025-83594756